會計，商人錢滾錢的足跡

会計と経営の七〇〇年史
——五つの発明による興奮と狂乱

達文西欠畫債、荷蘭鬱金香、鐵路熱、
披頭四……竟是會計誕生進化的故事，
是你得知道的金錢運作機制。

田中靖浩註冊會計師事務所所長、
東京都立產業技術大學院大學客座教授
田中靖浩——著
郭凡嘉——譯

目錄

第2章 大航海時代的過度擴張（西班牙）

第3章 寬容精神，催生出股份公司與證交所（荷蘭）

第4章 公開財報、資訊揭露，竟把國王送上斷頭臺（法國）

推薦序
商人都怎麼用小錢滾大錢？靠會計

時空偵探、歷史作家／宋彥陞

無論讀者朋友是否曾接觸會計這門學問，您都可能聽過德勤（Deloitte）、安永（EY）、畢馬威（KPMG）、普華永道（PwC）等四家並稱「四大會計師事務所」，舉世知名的專業服務機構。

值得一提的是，已在二〇〇二年解體的安達信會計師事務所（Arthur Andersen），曾與上述機構長年分庭抗禮。然而，安達信後來因為捲入會計醜聞，即替美國安隆公司（Enron，二〇〇一年宣告破產）做假帳，結果不僅就此賠上累積近百年的商業信譽，更導致成千上萬名受僱者與投資人蒙受巨大損失。由此，不難看出會計學對於企業經營的重要性和巨大影響力。

話雖如此，很多聞數學色變的朋友，一聽到「會計」這個詞，便會直覺的認為這是門枯燥、複雜的困難學科，因而還未試圖理解，就先舉起雙手徒呼負負。

姑且不談過於專業的學術理論和專有名詞，會計其實與我們的日常生活息息相關。小至個人記錄平時的收入及支出、購買股票尋找投資標的，大到企業檢視經營狀況，甚至國家如何創立健全的財政制度，在在都與會計脫離不了關係。

有鑑於會計知識如此不可或缺，但多數民眾並不具備這門學問的基本觀念，身為註冊會計師、著有多本會計主題書籍的作者田中靖浩，非但將會計的重點簡化為簿記、股份公司、證券交易所、損益計算、資訊公開這五大項發明，並透過介紹義大利、西班牙、荷蘭、法國、英國、美國等強權，如何善用或是輕忽上述發明所帶來的歷史教訓，藉此向讀者闡釋會計知識在最近七百年內的發展歷程。

就以大家耳熟能詳的「股份公司」來說，相信很多朋友知道，我們可以藉由購買股票，成為股份公司的股東，再根據公司的獲利情況，領取股利作為回饋。不過，你可能不清楚這樣的企業組織形式，為何會源自十七世紀的荷蘭，而不是其他國家。

對此，本書精闢的指出，當時剛創建不久的新教徒國家荷蘭，其商人為了長期穩定的調度巨額資金、開展大航海事業，便發明這套劃時代的公司型態（其成果就是大家熟知的荷蘭東印度公司），連帶孕育了股票交易市場——證券交易所的誕生。不同於貸款，股份公司的股東出資不須限期償還，而是公司有獲利才須配息；萬一沒賺錢，說一句對不起、道歉就能了事，也不需要配發股息。

反觀曾在大航海時代叱吒風雲的第一代「日不落國」西班牙，本書詳盡分析了西班牙統治者卡洛斯一世（按：Carlos I，同時也是神聖羅馬帝國皇帝查理五世〔Charles V〕）與菲利普二世父子，如何忽視會計對於國家財政的必要性。是故，即便西班牙一度透過強大軍隊，在全球建立遼闊的殖民地，同時從中南美洲搬回了大量的白銀，仍因為擴展軍備與航海而債臺高築，最終造成經濟實力難以為繼，不得不逐漸退出列強競逐的舞臺。

相較於坊間許多會計主題書籍，習慣以艱澀難解的簿記和財務報表作為入門，本書以容易引起我們共鳴的人類活動為中心，簡明易懂的說明會計知識，如何順應人們對於理財投資與企業管理的需求而陸續演變進化。誠摯推薦給關注財務管理、企業經營，乃至人類文明的讀者朋友。

前言
會計與企業經營的歷史

我是一位註冊會計師，除了擔任企業諮詢顧問，並提供研習課程，同時也在商學院擔任講師。此外，我也以作家的身分執筆關於會計、企業經營與歷史相關的書籍。

本書這趟「會計與企業經營的世界史之旅」，啟程於七百年前的義大利，圍繞著西班牙、荷蘭、法國、英國與美國等，在不同時代中的經濟大國，展開我們的故事。

說到會計書籍，一般都會從「簿記與財務報表的基礎」開始，但如果一開始就從這些部分談起，會讓很多新手根本看不下去。因此，**本書會以說故事的描述方式，談談簿記、財務報表、會計揭露制度是從何時、何地、為了什麼目的而誕生的**。

只要閱讀本書，相信就能大略了解會計與企業經營的基礎與關係。且為了讓讀者能更愉快的學習，本書針對以下三點下了一些功夫：

①使用詼諧語調

本書以我在二〇二〇年十二月，於「NHK文化中心青山教室」舉辦的講座為基礎，經過大幅的修改與更新而完成。平時我經常會與落語家（按：日本傳統藝術，類似單口相聲表演者）、講談師（按：日本傳統藝術，類似說書人，表演者坐在小桌前，對觀眾朗讀故事）一起演出，因此我的講座上不只有閒聊，也經常會出現岔題、玩笑話等笑料，這次我刻意在書中保留這樣的感覺。如果大家能以享受相聲的感覺輕鬆閱讀本書，那就再好不過了。

②將會計的發展整理成「五大發明」

本書將會計的發展過程，整理為「簿記、股份公司、證券交易所、損益計算、資訊公開」等五個項目來解說。只要照順序理解這五項發明，想必就能掌握金融市場的整體樣貌。近年來，日本改訂了小學、中學和高中的學習指導要領，課程中加入了金融市場與股市投資等說明。而這個新課程的內容，也與本書中的五大發明密切相關。

③ 以人物為中心來傳達會計的發展

本書並不是依循制度變遷，來講述會計和企業管理的發展史，而是**盡可能聚集在「人物」身上**。在書中，會出現許多政治家、企業家與畫家等人物。我會用稍微誇張、說書般的語調，描述他們在各自身處的時代中，抱持著什麼樣的煩惱，並想出了什麼樣的解決方法。我也期待大家能傾聽他們幸福的吶喊和哀嘆，並感受到各個時代的氛圍。

所謂的企業經營，是「人、物、金錢」的運籌帷幄。

無論是個人、公司還是國家，重要的都是要能妥善調度「人、物與金錢」這三者。其中，會計就會處理到「金錢」的籌措。就算人們再怎麼拚命努力、製造出最好的產品，但要是不妥善的調度金錢，各種活動也無法持續下去。在領導者當中，有的人能夠發揮超強的領導能力，推行政治與外交，卻不擅長金錢方面的運作，本書中也會出現許多這樣的人物。透過他們的辛勞與失敗，成就了「讓財務狀況更清楚的方式」、「讓金錢能順利運作的機制」等。

閱讀本書後，會計新手和學生們，可以理解以下幾點會計的基礎：

- 商人們為什麼要寫帳簿、記帳？
- 為什麼會出現股份公司與證券交易所？
- 為什麼許多糾紛都跟稅金有關？

相信讀完這本書之後，大家都會感到豁然開朗：「原來如此啊！原來是這麼一回事。」

如果你是商務人士，也能學習到以下這些商業常識，明白它們的起源：

- 公司治理（Corporate Governance）之所以必要的原因。
- 我們今天超時工作、過勞，到甚至必須改革工作方式的原由。
- 大規模生產與廉價銷售的起源。

本書為了讓初學者也能理解會計的歷史，而把重點擺在「簡單易懂」。因此，如果你想要了解更正確的資訊，可以參照相關的專業書籍。另外，讀完本書中的故事後，如果你覺得：「其實會計還滿有趣的嘛！」那麼請繼續延續這份好奇心。比方說，有興趣的讀者可以看看我另一本著作《會計的世界史》（暫譯，日本經濟新聞出版社），其中詳細說明了會計的歷史。或是可以學習簿記、學會如何閱讀財務報表等。

那麼，開場白就到此為止吧。接下來，就要進入正式內容。不過，各位不需要緊張，我們不會一開頭就聊艱澀的話題。

首先，請聽聽一個胡作非為的義大利男人，所發生的故事吧。俯瞰他波瀾萬丈的人生，我不禁覺得：「這簡直跟會計的歷史一樣嘛！」他的人生還真是所謂的動盪與狂亂。

被印在紙鈔上的爛醉殺人犯

在一片「無現金」（cashless）的浪潮中，我們已經漸漸不再使用紙鈔了。

會出現在紙鈔上的，通常都是對一個國家有功績、有貢獻的人的肖像畫。過去在義大利里拉的紙鈔上，就出現過米開朗基羅・梅里西・達・卡拉瓦喬（Michelangelo Merisi da Caravaggio）的畫像。

通常，會放在紙鈔上的人物，都是當地人的驕傲。但是在卡拉瓦喬的故鄉，不但沒有慶祝他出現在紙鈔上，甚至也幾乎看不見紀念他的紀念館。不過，這也是有原因的，因為他曾經在酩酊大醉之後，殺了與他發生爭執的人，是個名副其實的殺人犯。

儘管卡拉瓦喬的繪畫技巧極高，卻是個胡作非為的人，在他犯下殺人罪後，面臨通緝，逃竄到義大利各地。然而他的畫作卻十分有魅力，緊緊抓住觀眾的心。請看左頁圖1這幅〈年輕的酒神〉（*Bacchus*），他細膩而寫實的畫功可見一斑。

「巴克斯」（Bacchus）以酒神而聞名，除此之外，他也是豐饒之神以及狂亂之神。

如果喝了酒之後，只是開心的唱歌、跳舞，那還算好。但有的人卻會喝得酩酊大醉，陷入瘋狂……而卡拉瓦喬正是會發酒瘋、陷入瘋狂的「現實版巴克斯」。

先不說他的個性與行為，他的畫作的確帶給後世畫家許多正面的影響。他那一幅幅寫實畫作，彷彿在告訴觀賞者「厲害吧」，激起了後輩們的動力，也帶給他們許多技巧上的靈感。以這一點來說，也有評論家評論：「近現代繪畫是以卡拉瓦喬為起點。」而正是因為對後世畫家的貢獻，使得他被選為紙鈔上的人物。

圖 1：卡拉瓦喬，〈年輕的酒神〉（1596 年左右）。

許多先人在面對困難時，都不斷的努力、下各式各樣的功夫，面臨的挫折都令人想抱頭

圖 2：在義大利 10 萬里拉紙鈔上，印著卡拉瓦喬的畫像。

痛哭，最終才創造出超越時代的作品。回顧歷史，同樣的狀況也發生在會計與企業管理的世界。出現在某個年代的輝煌會計發明，正因為其偉大，而刺激了人們對金錢的欲望，甚至使人發狂。

歷史上除了喝了酒之後克制不住自己的卡拉瓦喬，還有因領土擴張的炙熱野心、最終身無分文的國王，為了賺大錢而投資過度的商人，總是舉辦豪華酒宴而走向滅亡的貴族……。

酒精與金錢擁有讓人瘋狂的魔力。酒醉的人過於激動，會導致宴席太過瘋狂，而正是不斷反覆出現這樣的場景，才創造出會計與企業經營的歷史。

印著卡拉瓦喬肖像的十萬里拉紙鈔

（按：義大利里拉兌歐元的匯率為一九三六．二七里拉換一歐元，此為二〇〇二年一月的資料，現在已被歐元取代），首次出現於一九八三年。話說回來，「十萬里拉」還真不是一筆小數目呢。當時的義大利苦於財政赤字與通貨膨脹，在一片經濟混亂中，出現了十萬里拉的紙鈔。會把卡拉瓦喬選為紙鈔上的人物，說不定也是出於一股自暴自棄的心情吧。而本書的故事，要從七百年前、義大利正處於一片欣欣向榮的年代開始說起。

第1章

簿記，支撐了文藝復興（義大利）

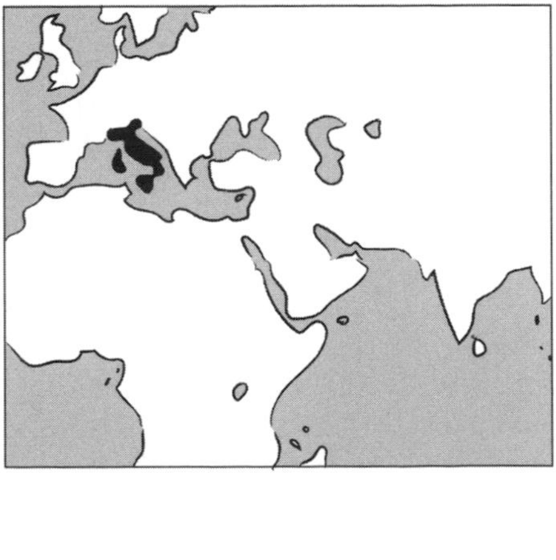

1 鼠疫帶來黑死病，也創造了文藝復興

一開始，我想先請問大家，各位喜歡什麼樣的運動呢？體育項目有很多，有足球、棒球、高爾夫等，不過如果要說看比賽的話，我最喜歡看箱根驛傳（按：東京箱根間往返大學接力競走，是日本知名的接力賽跑）。

每年一到一月，如果不看這場接力賽，我就會覺得渾身不對勁。最近這幾年青山學院大學真的很強。不過大家知道嗎？這個箱根驛傳其實不是日本全國性的大賽喔，只不過是日本關東的地區大賽而已。然而，東部的地方大賽變得這麼有名，據說也讓西部的大學覺得很不甘心，用一種欣羨的眼神看著關東：「唉，我們也很想到箱根出賽啊！」說到這裡，你們大概會覺得我為什麼要講一些不相干的話題，對吧？不過還請多多包涵，這就是我的表演方式啊。

不過，箱根驛傳跟今天的話題可是大有關係。因為在七百年前，歐洲人也是用欣羨的眼神看著東方。

胡椒驛傳，開啟了國際貿易

今天的歐洲，在距今七百年前，並沒有什麼了不起。

當時反倒是東方比較強大。例如由伊斯蘭教所統治的地區，不但繼承了希臘、波斯文明，更將其改革創新，創造出更高水準的文明。而印度、中國等其他東方國家，也在計算、製造、飲食文化等方面，都有優異的表現。

歐洲人當時是咬著手指，用一種「好羨慕啊」的眼神關注著東方。而這種嚮往，就是與東方貿易的起點。歐洲的人們開心的搶購來自東方的各項商品，其中最受歡迎的就是大家熟知的辛香料了。胡椒、肉桂、肉荳蔻……中世紀的歐洲人非常喜歡購買各種辛香料。

歷史相關書籍中，也經常會出現以上的內容，對吧。不過我實在不怎麼相信這些內容。畢竟是吃拉麵時，撒在上面的胡椒，這種東西怎麼會如此大

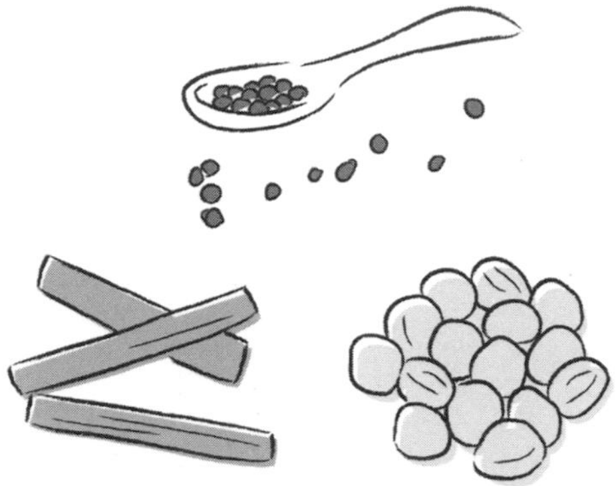

圖 3：歐洲人非常喜愛東方的辛香料。

受歡迎？我實在無法理解。

不過，有一次我在新加坡，吃了當地栽種的胡椒，突然有種「原來如此」的感受。那時候，我必須自己把黑色的小小胡椒顆粒磨碎來吃，用這種吃法，會發現胡椒的香味很濃烈，真的很好吃。我在那時才終於體會到：「這種東西真的會很受歡迎！」

辛香料可以蓋掉腐敗肉類發出的氣味，甚至還有類似藥和營養補給品的功效。但不管怎麼說，那個香味實在太棒、太好吃了，我真的希望大家都能夠嚐一嚐。這可不是置入行銷喔。

對商人來說，值得慶幸的是，像胡椒這類的辛香料不僅不占空間，還可以大量運送，因此各地的商人們都開始做起了辛香料生意。

胡椒這類充滿魅力的辛香料，就從產地歷經了途中好幾個國家的貿易，被帶進了歐洲。在印度和印尼生產的胡椒粒，透過阿拉伯商人之手，由東往西經過地中海送到義大利，再從義大利運往歐洲各個都市，這就好像是一場「胡椒驛傳」一般的貿易接力賽。

自私的祕密主義，聯手賺暴利

箱根驛傳的接力賽隊伍，隊員間總是有很強的情感連結，但東方貿易的團隊卻非如此。貿易的相關人士，完全沒有團隊的感覺。

他們彼此之間不會「共享資訊」。在當時既沒有網路、也沒有手機的環境下，他們都是各自分離，對彼此的存在和獲利的狀況，一點興趣也沒有。他們只是把買來的辛香料賣出去以獲取利潤，買賣靠的是自私的祕密主義，所以完全沒有「全體商人團結一致，努力降低成本」這種供應鏈概念。

在這樣的環境下，四散分離的商人們都各自賺著大錢。做辛香料生意的業者們因為獲利龐大，因此據說當時的人，就把一舉致富的行為稱為「pepper sack」，也就是裝辛香料的袋子。

這裡，我出個題目考考大家吧。你們覺得當時做辛香料買賣的商人，利潤率有多少？

①五〇%。
②八〇%。
③九〇%。

大家猜到了嗎？答案是「九〇%」。利潤率高達九〇%，意味著用十元買的東西，可以賣到一百元，這簡直就是如夢一般的大好生意！順帶一提，據說有的「pepper sack」甚至還會賣更高的價格。除了這些賺取暴利的商人之外，途中也會有一些國家收取關稅。因此在東方獲取的胡椒，一路到了西方後，就飆漲到了天價。

當義大利商人詢問：「這個辛香料是在哪裡買的啊？」阿拉伯地區的商

人總是遮遮掩掩的，畢竟他們可不想被跳過，失去了存在感。相信大家的公司裡也有這類人吧，比方說故意隱瞞重要資訊、不告訴其他人的討厭主管，阿拉伯商人就跟這種人一樣。

那麼，誰要為這種祕密主義付出代價？當然就是胡椒驛傳終點站的歐洲消費者了。歐洲的民眾被迫付出大筆金錢，購買這些辛香料。

不過，換個角度來看，就算他們要付這麼多錢，卻仍然想要買胡椒，這就可以看出胡椒有多受歡迎了，畢竟真的很好吃！

鼠疫，也跟辛香料一起運上岸

受歡迎的不只是辛香料。誠如絲路這個名稱所呈現的，華美的絲綢與紡織品也從東方進入西方。這讓歐洲的女性們十分驚訝並趨之若鶩：「真是太美麗了！」因為當時歐洲生產的主要都是毛織物，雖然很溫暖、穿起來很舒適，但人們平常習慣了樸素、土裡土氣的毛織物，這下看到了細緻光滑的蠶絲、印度棉美麗的顏色，眼裡都冒出了愛心。

除此之外，還有酒、食物、家具以及各種擺設等裝飾工藝品，也都紛紛帶進了西方。就這樣，各種令人嚮往的物品一一從東方進入歐洲，而義大利則扮演了大門玄關的角色。東方的物品首先進入義大利，再從此地擴散到歐洲各地——因此義大利的港口城市非常繁榮興盛。

但問題也從這裡產生。搭乘著東方的船隻遠道而來的，可不只有令人嚮往的各種商品而已。除了珍貴的舶來品，有時也會出現令人討厭、不敢領教的東西。在距今七百年前的十四世紀中期，有個折磨無數人的疾病從東方降臨——這場死亡瘟疫就是鼠疫。

鼠疫又被稱為黑死病，這場瘟疫和二十一世紀席捲全球的新冠病毒，有幾個相似之處。

第一點是它開始的方式。鼠疫似乎和新冠病毒一樣，感染也是始於中國。之後疫情逐漸擴散到西方，最終經由義大利的港口都市，擴散到整個歐洲。

七百年前，鼠疫最初到達歐洲的區域，就是義大利等地的港口都市。最初疫情就是由熱那亞、西西里島、威尼斯等都市的港口開始擴散。

回顧歐洲數百年的歷史，各國都爆發了無數次的疫情。這時的鼠疫致死率相當高，依據城鎮不同，有些有三分之一的人口，有些甚至到一半以上的人口都染疫死亡。然而，當時不像現在一樣，有製藥廠會生產疫苗，所以當時人們能採取的應對措施，就是加強「檢疫」。

貿易的船隻一如往常抵達了港口。一想到船上裝滿了來自東方、嚮往已久的商品，就令人忍不住雀躍。然而，靠近仔細一看，從船上下來的船員們，一個個都是病懨懨的悲慘狀態。他們幾乎連站立、走路都很困難，身上還出現了腫脹。而港邊的人們出於好心詢問：「怎麼了？你們還好嗎？」慈悲的照顧他們，結果反而也被傳染，出現了相同的症狀。

此時，港口城市的居民意會到：「光是和船員們交談就會被傳染！」並終於做出了應對措施。儘管船隻靠了岸，也不允許船員們立刻下船。船隻必須停泊在港口一段時間，並確認全員健康後，人員與物品才能下船。這就是我們今天所謂的檢疫。

十四世紀的義大利人發起的檢疫，要將船隻停留在岸邊「四十天」。而義大利語中的「quarantine」，意思就是指四十天，後來又演變成英文的隔離檢疫。所以下次去機場時，不妨確認一下檢疫的引導看板，就是用英文這麼寫的。

據說飛機的空服員和機場的工作人員，也都覺得「quarantine」這個英文單字很奇怪，不過這也是當然的，畢竟這個字的起源來自義大利語。

然而，彷彿是在嘲笑義大利的檢疫一般，鼠疫仍擴散到整個義大利，感染最終在整個歐洲擴散開來。和今天的新冠疫情一樣，人們雖然最初對疫情感到恐懼，怕被感染而躲在家裡，但過了一段時間後也待不住了，而且不做生意的話就賺不到錢，因此人們紛紛開始想要外出。但這麼一來，病毒就隨著潛藏在行李中的老鼠和跳蚤，跟著遊歷商人的馬車，把進入義大利的貨品運到各地，在歐洲擴散開來。這就和今天的疫情因為「商業全球化」而擴散，完全是一模一樣的模式。

疫情擴散，經濟崩盤，新商業勢力崛起

隨著疫情擴散，死者也隨之增加。這麼一來，人口銳減，商人的營收也減少了。營業額一減少，公司就會開始倒閉，經濟也會隨之崩塌。

因此在鼠疫之後，各處都出現了不景氣與經濟混亂的狀況。

經濟一低迷，就會產生社會混亂。在當時來說，就發生了宗教上的動盪。當時義大利各城市在地理位置上和羅馬很接近，因此基督教的勢力很強大。

雖然他們過去一直認為，只要向神明祈求，就能從瘟疫中得救，沒想到這次再怎麼祈求也沒有效果。為什麼神不守護我最親愛的家人和戀人？有人認為這是神的懲罰，因而走向禁慾之路，也有人認為這都是異教徒猶太人的錯。也因為如此，在鼠疫疫情期間，猶太人遭受到了很嚴重的迫害。

當然，教會也試圖在一片混亂之中，想出辦法解決問題，為了不使信徒們失去信心，他們認為必須重新建立「接受人們祈禱」的體制。所以在鼠疫流行後，其象徵之一就是出現了很多強調「聖母瑪利亞慈藹」的繪畫。不只如此，想要守護基督教的教會，甚至與新登場的新興經濟勢力聯手，開始重建教會，或者建造大教堂等與宗教相關的建築。

無論是鼠疫還是新冠病毒，人們的行動範圍都因為疫情的擴散而受到限制，經濟活動也因而停滯。在感染擴大之後不久，總是會伴隨大幅度的經濟衰退。但商人和經濟並不會因此而崩潰。無論在任何時代裡，都會出現頑強的商人。這些生命力旺盛的人會認為：「既然人的行動和環境改變了，那就做一些符合新環境的生意吧！」

儘管也有一些商人被瘟疫這種外部壓力擊倒，但也有商人會以瘟疫為墊腳石而跳得更高——也就是會發生新舊交替的「重整」。

今天的新冠疫情也是如此。從事舊有商業模式的公司，狀況越來越差，但因應在家上班和遠距上班等相關商務的公司業績蓬勃。這樣的新勢力，和認為「再這樣下去不行」而改變做法的公司，就擔負起牽動時代的角色。在瘟疫等外部壓力過去之後，就會產生這樣的經濟性重整。

在黑死病疫情過後的義大利竄起的新興勢力中，最具代表性的就是梅迪奇家族。梅迪奇原本是賣藥起家的（如其名「Medici」原本是「medical」）。在鼠疫過後嶄露頭角的勢力，是以賣藥起家的家族，這簡直巧合到令人覺得像在開玩笑，對吧。

不過，以賣藥起家的梅迪奇家族，從那時候開始，便開始在各個領域擴大了生意，從製造販賣毛織品到金融業，涉足了各個產業。然而，最讓梅迪奇家族留名歷史的生意，卻是銀行業。

羅馬教會與梅迪奇家族聯手，催生出文藝復興時代

梅迪奇銀行和羅馬教會聯手，開展了各種教會專用的金融商業，賺了大錢後，開始進入佛羅倫斯的政治界，另一方面也開始在藝術界擔任資助者。由於透過銀行業強化了與教會的連結，梅迪奇家族也很積極的參與設立新教會和改建等規劃。在當時，梅迪奇家族對都市建設、建設宗教設施等都慷慨解囊，毫不吝嗇。

教會希望蓋更多的建築物，而梅迪奇可以在經濟上提供援助——兩方的完美合作，完成了許多建築。然而，一進到其中，卻讓人覺得很煞風景，真想要放點雕像什麼的啊！而且寬廣的牆壁上什麼壁畫都沒有，也總讓人覺得靜不下心來。這麼一來，就出現了對雕刻和繪畫的龐大需求。

眾人開始聚集在一起，討論要委託誰來製作。要找誰呢？是安藤忠雄？還是隈研吾？嗯……不行啦，找這些業界泰斗的話，缺乏新鮮感。還是讓年輕一點的人做吧！就因為這樣的理由，年輕而有天分的人開始嶄露頭角。就這樣，在文藝復興時代，出現了許多年輕藝術家的大好機會。

當時有許多年輕的藝術家，都在研究希臘及羅馬時代的古典。許多工作絡繹不絕的找上這些充滿生命力的年輕人。而這也成了一個契機，創造了日後「文藝復興藝術」的運動。達文西（Leonardo da Vinci）、米開朗基羅（Michelangelo）、拉斐爾（Raphael）……這些文藝復興時期的藝術家如繁星一般，出現在黑死病的疫情後，我認為這絕非偶然。被稱為黑死病的鼠疫，在社會、經濟、文化等層面孕育出動搖與重整，並為各個領域注入了一股重生的氣息。

這和現在的狀況一樣。新冠病毒讓世界和日本產生了動盪，但我們不能只是單單感到恐懼而已。我們必須擁抱這份動盪，並且思考該如何從中孕育出新的東西。不然，我們就沒辦法把接力棒傳給下一個世代。

2　梅迪奇家族，靠簿記實現分權管理

提到梅迪奇家族，他們以文藝復興時期的贊助者、藝術的資金提供者而聞名。**文藝復興時期「Renaissance」一詞，一般都翻譯為重生、復活的意思。而這也意味著希臘、羅馬文明的再生與復活。**除此之外，各位聽到這裡，應該也能了解到，這其中也帶著從黑死病再生與復活的意思。

教會為人們提供慈悲與關懷，而梅迪奇家族為此提供經濟援助。這樣的組合，讓文藝復興時期的年輕藝術家們，獲得了源源不絕的訂單。這也使得因黑死病而陷入灰暗蕭條的社會，注入了一線光明，獲得新生。若沒有梅迪奇家族為後盾，相信文藝復興時代將無法開花結果。

不過話說回來，梅迪奇家族為什麼能擁有如此龐大的經濟能力？

畢竟，瘟疫過後的社會和經濟都十分蕭條混亂，大商人紛紛沒落，在這

樣的狀況之下，要能以新興勢力之姿竄出，一定有什麼「獨特的經營方式」才對。

中世紀就出現無現金交易——匯票

其中有一個重要的關鍵字，就是「分散各地」。

當時的義大利，並不是我們今天所看見的那樣，是一整個呈現長統靴形狀的國家，而是聚集了許多城邦，各個都市都是各自不同的「國家」。在當時，應該沒有人會建築、整備一些道路，來連結這些分散各地的國家。

在這樣的背景下，帶著大量值錢東西的商人在移動時，就會出現許多小偷。身懷巨款在路上走，很容易就會成為宵小、盜賊下手的目標。走夜路時，別說是女人和孩子了，就連男人也是，只要是一、兩個人走在路上，立刻就會被打劫的人團團包圍，所有身上穿戴的物品都會被剝個精光。要是只搶走錢財，那還算是好運。有的時候甚至連性命都不保，旅程可說是非常危險。

這世界上有各式各樣的生意和買賣，卻不會有什麼生意比小偷和盜賊更有賺頭。因為畢竟獲利可是一〇〇%啊，比前面提到賣辛香料的還要賺。

另一方面，商人面對這種容易遭劫的路途，都因為太危險而寸步難行。因此他們會僱用保鑣，只要僱用了一夥身強體壯的男人保護自己，小偷就不敢襲擊了，沒錯吧？以現代來說的話，僱用十五個像橄欖球選手的男人，就包準不會出事了吧。

不過，這樣還是會遇到其他問題。就是僱用這些護衛，要花很多錢。想要僱用十五個橄欖球選手，需要付出很高的費用，再說這些人食量可是很大的。雖然請了護衛，生命就安全了，但是很花錢。「嗯……真傷腦筋，該怎麼辦才好？」商人們都非常苦惱。

一旦煩惱的人一多，就會有人提出方案，試圖解決問題。因為他們會想著，只要想出解決的辦法，就可以大賺一筆了。事實上，這時提出來的解決方案就是「匯票」。

匯票是一種把必要資訊寫在一張小而堅韌耐用的紙張，用來代替現金的東西。由於不需要攜帶現金，不就跟我們今天的「無現金交易」一樣嗎！現在很多人都用智慧型手機，在機器上「嗶」一聲，就能完成交易。在當時，匯票的功用就代替了今天的智慧型手機支付。

換錢，要收手續費——銀行的獲利模式

商人們攜帶匯票以取代現金。畢竟身上攜帶現金的話，很有可能會被搶劫襲擊，如果不帶現金，就不會遇到這種事了。因此，只要改用虛擬貨幣的票據，不就好了嗎？於是人們便開始使用匯票。

這種無現金服務，最初是由「Banco」發明，並開始讓商人們利用。所謂的「Banco」，就是我們目前所熟知的銀行的始祖。英文中的「Bank」，就是來自於義大利文的「Banco」，而這裡的「Banco」指的是桌子的意思。最初的銀行家，就是隔著一張桌子，與客戶面對面、進行各種細膩的交易。

這裡值得注意的是，當時「Banco」的主要業務其實不是借貸。

一般提到銀行的業務，一定都會想到融資借貸吧。但是當時的銀行並沒有將借貸當成主要的業務。其中的原因就是，當時的教會禁止透過借貸收取利息。真讓人覺得有點不可思議，對吧。不過，這也是有原因的。畢竟「時

間是屬於神的」，而隨著時間經過所產生的利息，也是神的所有物。因此商人如果想要因此獲利，是絕對不允許的。至少在表面上，銀行不能藉由融資借貸來獲取利息。

然而實際上，民間卻有借貸的需求。無論在什麼時代，都會有人想要借錢；相對於此，就會有人想要把錢借出去。所以當時的借貸，似乎是在妥善的偽裝之下進行的。此外，儘管禁止基督教徒借貸金錢，但異教徒的猶太人卻是被允許的。所以在莎士比亞等作家的劇中，經常會出現「放高利貸的猶太人」這樣的角色。

既然表面上不允許「Banco」融資借貸，那麼他們又是從哪裡賺錢的？這就要說到和手續費有關的商業了，最簡單易懂的就是貨幣兌換。

當時的義大利是許多城邦的集合，威尼斯、佛羅倫斯、羅馬、米蘭等，這些分散並「各自存在的國家」，使用的是各自不同的貨幣。由於種類不同，商人每次旅遊到異地時，就必須兌換貨幣。而在兌換貨幣時收取的手續費，就是他們（Banco）的收入了。

不僅是這種兌換貨幣的手續費，他們也將目標瞄準了匯票的交易手續費。

在七百年前黑死病大流行之前，商人就已經在歐洲各地活動了。為了這些商人，「Banco」設了許多分行。因為分行越多，就越便利。

在中世紀，匯票就逐漸的滲透、擴展到歐洲各地。

到了黑死病過後、十五世紀發展起來的梅迪奇銀行，將總行設置在佛羅倫斯，並在義大利各地增設了分行，其後更在歐洲各主要城市設立分行。而梅迪奇銀行就發展成具備巨大的分行網，擁有龐大網絡的組織。

包含梅迪奇在內，義大利的「Banco」由於與教會之間的關係，不能融資借貸，就打造了巨大的組織，推展收取手續費的商業行為。

手續費要收多少也是學問，梅迪奇很懂

梅迪奇銀行建立了無數的分行，進行著匯兌和匯票的手續費生意。不過儘管開了很多分行，也不代表肯定會賺錢。回頭看看日本的銀行，也是有一些銀行因為組織越來越大，而經常出現系統問題，對吧。要是各位讀者身邊有人和這些銀行有關係的話，那我先在此說聲抱歉囉。不過，大家現在應該

同意，並不是規模越大就越賺錢。因此這裡就出現了新的問題：「要如何活用這個巨大的分行網絡？」

梅迪奇銀行的據點增加，組織規模也跟著變大。隨之而來，就出現了他們第一個「獨特的經營方式」。

那就是活用資訊。在當時，「Banco」主要的業務是收取手續費，因此手續費費率的設定，就掌握了經營的命脈。以現代的用詞來說，就是報價、設定價格的問題。因為不能把價格設定得太高，也不能太低。如果設得太高，客戶就會被敵對銀行搶走；設得太低，又賺不了錢。想要找到一個剛剛好的匯率，不可或缺的就是分析政治與經濟的資訊。為了要決定手續費的費率，梅迪奇銀行徹底蒐集了各方資訊並一一分析。

當時因為黑死病的關係，無論在經濟層面、政治和宗教上，都發生了嚴重的混亂，沉浮盛衰的變化也很大，梅迪奇家族除了在義大利及歐洲各都市都設立了據點之外，更徹底蒐集並分析資訊。

鼎鼎大名的《孫子兵法》，是兩千五百年前寫成的中國戰略古典，書中就寫著：「愛爵祿百金，不知敵之情者，不仁之至也。」這意味著「唯有在蒐集資訊方面，不能太吝嗇」。

生活在現代的我們可能很難想像，在過去沒有網路和智慧型手機的年代裡，蒐集資訊的手段和方式十分有限。中世紀甚至連郵政系統都沒有，也沒有可以偵探敵國情報的間諜〇〇七，更沒有全球定位系統（GPS）和竊聽的方法。所以孫子才會說：「不要在蒐集資訊上吝嗇惜金。」因為獲取敵方的情報是非常珍貴的。

兩千五百年前的中國古典書籍裡這麼寫，而義大利的梅迪奇銀行也是這麼做的，活用資訊的重要，不問時代與場合。

只是運用資訊的方式卻會隨著時代而改變。要懂得運用，就必須獲取與分析資訊，而兩千五百年前的孫子就很重視蒐集資訊，因為其中講述間諜的「用間篇」就占了整整一章。

相對於此，二十一世紀的今天更重視資料分析。隨著資訊科技（IT）的發展，人們甚至可以取得一般稱作大數據的龐大資料。但說到從中可以讀取到什麼訊息的「資訊情報分析」，那就要把焦點放在統計和數據科學的領域上了。

梅迪奇銀行不僅在蒐集資訊上，也在資料分析方面下了很大的功夫。梅迪奇銀行在歐洲各地設立據點，除了要為客戶提供便利之外，也帶有「蒐集各地的當地資訊」這層重要的意義。

梅迪奇銀行的「分權管理」——分行獨立負責

資訊蒐集與分析，是所謂「攻」的經營方式。這會直接關係到要向顧客收取多少手續費的費率設定問題，也就會連結到可以賺多少錢的問題。接下來要介紹的，就比較偏向「守」的經營方式了，就是內部的組織管理方式。

隨著據點數量增加，該如何管理分散在各地的據點，就成了一大問題。這裡所謂的「管理據點」，可說是自古就存在，卻也是現代切身的課題。直至今日，也有許多公司為此而煩惱。啊，想必有不少讀者在點頭了。

大致上有兩大方法，其一是中央集權，或是採取分權管理。

究竟是要由總行集中管理，還是將經營管理委任給各分行？要說這個「中央集權或分權管理」的問題，是縱橫古今東西、都讓經營者十分苦惱的，應該也不為過。

先說結論，梅迪奇銀行執行的是分權管理。這麼一來，就不必每次遇到問題，都要一一詢問總行。他們採用的方式是：「分行長，全都交給你了，你就自己決定吧！」把每天的經營管理交給各個第一線負責。

對了，這種分權化的演進，也可說是「股份公司的始祖」。各個分行長不僅可以自己決定經營方針，同時甚至也會出資給自己的分行，的確擁有股份公司的要素。

當家的科西莫·德·梅迪奇（Cosimo de' Medici），讓十五世紀的梅迪奇銀行有了莫大的發展，推動了分權化，並仔細的用數字記錄、管理銀行究竟獲得了什麼樣的結果，為此利用的就是「帳簿」。各分行的行長詳細的在帳簿裡記錄每天的交易、計算最終到底獲利多少。

科西莫很擅長會計，也熟知記帳的重要性與方法，他引進了簿記，並讓各據點都要作帳，掌握了管理的結果，實現了分權管理。

利用簿記統整帳目，把分行凝聚成一個團隊

簿記終於在此時登場了。它的主要作用，就是「分權管理四散各地的據點，使其成為同一個團隊」，並從此發展起來。這在會計層面也是很重要的一點。

首先，請先回想一下，這個發展的前提，是人們已經使用匯票了。在使用匯票時，就會出現將錢存入A分行、並在B分行提款的交易狀況。如此一來，A分行就會因為有錢存入而使得金額增加，而B分行因為款項被提出，使得金額減少。但也不能說「A分行是黑字，B分行出現赤字」。這時，就需要帳簿系統，把這種狀況視為「一筆交易」來統合計算。

此外，如果只以一年的時間切分來結算的話，就會出現今年A分行收到入帳，但要隔年才會出現款項從B分行提出的狀況。同樣的，如果沒有系統可以「將今年與明年的交易視為同一筆交易」，那就無法正確計算到底賺了多少錢。

為了要正確計算不同地點、不同時間的交易到底獲利多少，就必須擁有

一套精密度非常高的帳簿系統。正因為每個據點分散各處，為了要把各分行統整為一個團隊，才發展出簿記。

如果據點只有一個，那麼家庭收支簿這種等級的帳簿就夠用了。但因為擁有多家分行，又利用匯票的話，就需要精密度很高的紀錄、計算系統，簿記便將其化為可能，而發展起來。

這麼看來，中世紀商人擴大了活動範圍，換句話說，全球化是讓黑死病蔓延的原因之一；但在另一方面，這也是銀行藉由擴大據點、讓簿記技術得以發展的原因之一。

我們在此重新整理一下，梅迪奇銀行優秀的經營方式吧。

那就是「攻」——活用資訊，和「守」——組織管理這兩點。

企業管理有攻和守，而梅迪奇家族都很擅長這兩點。這其實是很難做到的，我們看看實際的公司就知道，經營管理基本上不是攻就是守，都會偏向其中一方。

順帶一提，當時的梅迪奇銀行在科西莫・德・梅迪奇擔任領導者的時候，在兩者之間取得了很好的平衡，因此不斷獲利。但到了孫子羅倫佐（Lorenzo de' Medici）掌管時，在蒐集情報和組織管理兩方面都越發草率，最終倒閉。

羅倫佐有個綽號是「豪華者」，從這裡就能看出他是一個貢獻很大的藝術贊助者，不過他在經營管理方面的才能，似乎不怎麼樣。

3 義大利人愛記帳，逼走老賴帳的達文西

在梅迪奇銀行繁榮興盛的年代裡，鼎鼎大名的達文西正在佛羅倫斯大放異彩。

有些人可能會覺得很不自然吧，明明是會計課，竟然會聽到達文西的名字。不過，**達文西其實和會計有著非常深厚的關係。**

達文西出生於至今約六百年前的一四五二年四月十五日。

在這裡，有個問題希望大家一起思考一下。就算達文西再怎麼有名，為什麼人們可以如此正確的知道，六百年前的人出生在哪一個日子？其實這是因為義大利有著「喜歡記錄」的文化。

誠如我們先前一直提到的，中世紀商人利用銀行與簿記，也讓這兩者得

以發展。就這層意義來說，義大利正可算是發祥地。這很讓人意外，對吧。那麼開朗活潑的義大利人，怎麼會跟沉悶的銀行、簿記搭上關係？

不認帳的人太多，簿記開始發展

中世紀的義大利人非常喜歡記錄，不管決定了什麼事，都會寫成契約。另外，還有偉大的人物為契約書作證，被稱作公證人，只要拿著契約去找他們，就可以變成正式文件。

當時的義大利人之所以那麼喜歡記錄，正是因為實際上發生了很多紛爭，尤其是跟買賣有關的糾紛與爭端，更是多得數不清。「這個金額不對！」「應該是這一天啦！」「不要騙人！」「你這傢伙搞什麼！」到底說了還是沒說、這種麻煩事根本是家常便飯，有人會裝傻，也有人會開溜。或許就是因為這樣，才演變成「決定好的事一定要留下紀錄」的狀況。這麼說來，義大利人其實還是很開朗的吧。

而簿記就讓這種喜歡記錄的文化，在貿易方面開花結果。初期的帳簿都

圖 4：義大利人生性開朗，也導致很多人賴帳，促使簿記技術發展。

是記錄一些「東西賣了多少錢給誰」、「花了多少錢、從誰那裡買東西」這種債權、債務的紀錄。尤其是「賣出去」的部分，千萬不能忘記。

只要詳細的記帳，一旦和交易對象發生糾紛，就能提供帳簿給法院當作證據。而債權、債務的紀錄也越來越精密，最終網羅了所有的交易。甚至更進一步發展，演變成可以統括擁有多個據點的組織，還可計算整體盈利。這就是簿記在義大利發展的歷史。

在最後的最後，藉由梅迪奇銀行這種擁有多個據點的組織所發展起來的簿記，就在民間的商人之間擴展開來。

誕生於義大利的簿記技法，擴展到

全歐洲時，有一本名為《算術、幾何、比例總論》（*Summa de arithmetica*）的書，扮演了很重要的角色。這本書的作者是數學家盧卡・帕西奧利（Luca Pacioli），其中有二十七頁左右的篇幅，以簡單易懂的方式說明了簿記法。《算術、幾何、比例總論》本來就是以一般人為對象，內容如同數學百科事典的入門書籍，但書中關於簿記的技法，卻受到了商人們的注意。

這本書於一四九四年在威尼斯出版，也創造了讓簿記法傳播到歐洲各地的契機。數學家帕西奧利不僅因為《算術、幾何、比例總論》這本書成為暢銷作家，也成了義大利各地搶手的當紅炸子雞。連米蘭也有人邀請他：「老師，請務必來我們這裡一趟！」因此他便前往了米蘭，而這也讓他與達文西宿命般的相識。

達文西——愛脫稿，卻很會寫求職信

達文西出生於佛羅倫斯的近郊。他小時候就到委羅基奧（Andrea del Verrocchio）的畫室學習，並充分發揮才能。他不僅繪畫能力超群，同時還是個美男子，受到許多女性喜愛。想必各位也猜想得到，不管怎麼看，他都很容易招人嫉妒吧？沒錯，當時他真的是如此。

除此之外，他還有一個很要不得的毛病，那就是從不遵守期限，不知道是不遵守，還是無法遵守，總之他就是沒辦法在約定的期限內把畫畫好。對他而言很不利的，就是義大利存在著喜歡記錄的文化。所以委託人在委託畫家作畫時，通常都會簽訂契約。

但達文西卻不遵守約定，當然會遭到批評。而且他身邊原本就有些敵人正摩拳擦掌：「逮住機會就一定要說他壞話！」再加上發生這種事，一定會飽受眾人批判。

說起來，我自己也是不太能遵守期限的人，所以我要幫達文西說幾句好話，他不是在偷懶，而是在思考。據說他總是會花好幾個小時盯著畫布，這真是讓我感同身受。儘管這對創作者來說，是非常常見的事，但是在重視契約的國家就不太妙了。而且達文西甚至會先收預付金，最後卻放人家鴿子，當然會讓委託人火冒三丈了。甚至嚴重到被人批評：「這個人連做人的基本都不懂嗎？」這麼一來，他也漸漸無法繼續待在故鄉佛羅倫斯了。

因為這樣，義大利這種喜歡記錄的文化，讓達文西在三十歲就不得不離開家鄉，前往新興的國家米蘭。

米蘭當時是由斯福爾扎（Sforza）家族的盧多維科（Ludovico Sforza）公爵治理的新興國家。這個盧多維科就跟許多暴發戶一樣，很喜歡贊助，付大筆的錢給藝術家。

達文西就寫了一封「請僱用我」的信給他，換言之，就是今天的求職信。現今都還保存著他當時寫的信，內容非常有趣，因為他沒有特別強調自己是個畫家，反倒提到「我能開發兵器，請把軍事有關的工作交給我」，還寫了很多跟軍事相關、盧多維科公爵會很感興趣的內容，最後的最後才含蓄的提到：「我也很擅長畫畫。」我真的很想把這招，教給最近在找工作的學生們。找工作時，不應該拚命表現自己，而是應該先寫對方會感興趣的事。

或許是這封優秀的應徵信產生了效果，盧多維科公爵招募了達文西，達文西開始在米蘭工作。與此同時，帕西奧利也來到米蘭。他是以數學家的身分接受盧多維科的邀請而來，在這裡認識了達文西。

帕西奧利為達文西講授了一對一的數學課，當時達文西也很積極的學習數學，而他從這位老師學習到的知識，也運用到了其後的工作中，那就是繪於米蘭教堂的〈最後的晚餐〉（*The Last Supper*）。

盧多維科公爵建設大教堂時，委託達文西在食堂的牆壁上作畫，「好的，我知道了。我會畫的。」不過，要在食堂的牆壁上畫些什麼才好？結果就是這幅〈最後的晚餐〉。仔細想想，這也太直白了吧。畢竟在食堂的牆壁上畫「最後的晚餐」，就跟在日式澡堂的牆壁上畫一座富士山一樣，完全沒有創意可言（按：富士山是日式澡堂壁畫最常見的主題）。不過，其中正蘊涵了達文西的自豪，我認為這或許就是專屬於他的自我主張吧。

圖 5：達文西，〈最後的晚餐〉（1495 年～ 1498 年）。

義大利珍寶〈蒙娜麗莎〉，卻掛在法國？

在達文西生活的義大利文藝復興時期，遠近法（按：在視覺上表現遠近感的繪畫手法）透過了數學而大肆發展。他身為一個畫家，以宛如建築設計圖的遠近法為基礎，不斷的獨自在表現方式上反覆下了許多功夫。儘管是一些眾人都在畫的、很理所當然的畫，但他不僅在構圖、暈染和顏料上，都有著獨自講究的方法。

或許達文西想要達到的，是「把和大家一樣的畫，用與眾不同的表現方式畫出來」。明白這一點的人就很了解。對於他嶄新的表現方式，同時期的畫家似乎都感到很吃驚。而這個傑作的背後因素，肯定就是與帕西奧利的相遇，他學習數學、並運用到畫作中。

之後米蘭發生戰亂，兩人在各地顛沛流離，最終又回到了佛羅倫斯。達文西晚年回到佛羅倫斯後，開始著手畫起了那幅知名的〈蒙娜麗莎〉（*Mona Lisa*）。但此時的佛羅倫斯因為宗教對立，各地陷入混亂，達文西只好再度離開佛羅倫斯，開始了居無定所的流浪之旅。

在這個時候，法國國王法蘭索瓦一世（Francis I of France）對達文西伸出援手。由於他的邀請，達文西帶著剛開始作畫的〈蒙娜麗莎〉前往法國。也因為這番前因後果，〈蒙娜麗莎〉成為了法國的所有物。

儘管義大利以達文西為傲，但最珍貴的寶物〈蒙娜麗莎〉卻不屬於義大利，而是掛在法國，仔細想想也是件奇怪的事情。不過這也是因為背後還有這些故事。

從這裡我們可以看出，當時在藝術層面上，法國非常嚮往義大利。正因為法蘭索瓦一世非常嚮往義大利的文藝復興藝術，才會邀請達文西到自己的國家。

義大利在地理位置上扮演著「與東方貿易的玄關」角色，在經濟、文化方面都非常繁榮興盛。而法國就非常憧憬義大利的藝術。

這股憧憬的氛圍，更是延伸到了簿記技巧。義大利商人的記帳法、簿記法之所以能傳到全歐洲各地，其中「書籍」的誕生扮演了很重要的角色。德國的約翰尼斯・谷騰堡（Johannes Gutenberg）發明了活字印刷術，並和來自東方的造紙技術結合，產生了書籍。帕西奧利的《算術、幾何、比例總論》

以及其他類似的書籍，絕對讓歐洲的簿記技術提升許多。

儘管義大利在繪畫、簿記法等方面，都對歐洲的進步帶來龐大貢獻，但是自達文西死後，義大利在宗教、政治一片混亂之中，逐漸失去了優勢。

其中一個很大的原因，就是大航海時代來臨。原本在封閉的大海——地中海位居霸主的義大利，因為地中海的外海逐漸開闢，於是主角大位日漸被葡萄牙與西班牙取代。

即便文藝復興時代的藝術與簿記技巧，其後也不斷的散發著光芒，但在經濟層面上，義大利在大航海時代後，就步下了主角寶座。

神不管，只好人自己來管——公司治理概念出現

最後介紹一個有趣的小故事。在義大利的古老帳簿裡，有個「三月二十四日結算日」。為什麼會在三月二十四日這一天結算？其實還滿奇怪的。以一般的常識來說，想必會疑惑：「怎麼不是在月底最後一天？」

我用會計和商業的常識來思考時，也是一直摸不著頭緒。但當我往繪畫、

宗教方面調查時，就找到了答案。因為三月二十五日是有名的「聖母領報日（受胎告知）」，也就是聖母瑪利亞被天使告知她懷孕的日子。相信很多人都知道，許多畫家都畫過這個「聖母領報」的主題。

瑪麗亞在三月二十五日受孕，並在九個月後的十二月二十五日誕下耶穌基督，這就是聖誕節的由來。對基督教而言，這個聖母領報日正是一切的開始，也是值得紀念的一天。相信大家應該明白了，如果是從三月二十五日開始算起的話，那麼最後一天就是三月二十四日了。也因為商業中包含了宗教的因素，三月二十四日就成了結算日。

而且，**當時有些帳簿的封面上還寫著「為了神與盈利」。這很有趣吧，神竟會出現在帳簿的封面，可以想見當時的統治者是「神」**。只要做了壞事，神就會在天空上方看著，所以人不能行惡。這在當時帶有牽制的作用。不知怎麼的，總給人一種和平，或說是可愛的感覺。

但在五百年前，也就是達文西活躍的文藝復興時期開始，這個狀況就開始出現變化。簡單的說，就是開始從「神支配的時代」逐漸邁向「人成為主角的時代」。這和從中世紀進入到近世的時期是重疊的。

在這次介紹的簿記與遠近法登場的年代裡，科學在天文學、物理學等各種領域當中出現，並有長足發展。在這樣的科學發展之下，人們不再是神的附屬，而逐漸變成自己眼見為憑、耳聽為實、自己思考的主體存在。比方說，遠近法就是在平面的畫布上，表現出「宛如人眼所見」的立體感。其中，也存在著以人為中心的概念。

儘管以人為主體是很好的現象，但從另一方面來說，也不再像以前一樣能夠仰賴神了。在經營方面的治理上，人們不再能依賴神，必須自己設計一套系統，這就是現代的公司治理。經營者必須自己建立一套不會出現失誤和舞弊的系統，並導入經營管理中。

從「由神支配的時代」走向「由人成為主角的時代」。

我們講述了以義大利為舞臺，在七百年前由黑死病引起的動盪，以及歷經文藝復興時代，以簿記為代表的科學發展。

以人為主角的時代，不能將所有事都推諉給神，某方面來說也算是辛苦的時代。不過，讓我們喝杯酒、解解愁吧。今天的講座就上到這裡，我們下回再見！

第2章 大航海時代的過度擴張（西班牙）

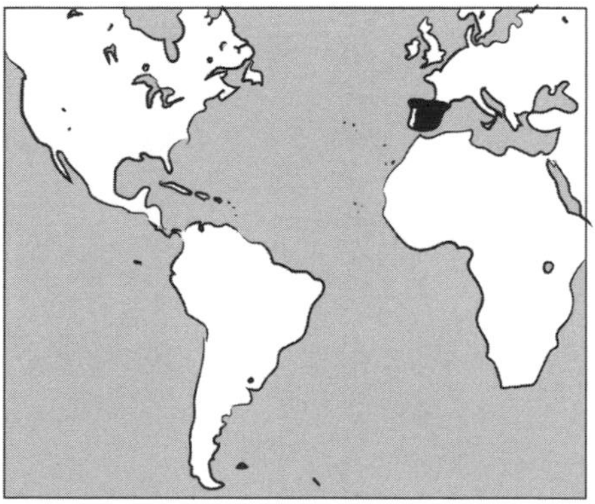

1 爲了維持海上霸權，西班牙對領地課重稅

網球選手諾瓦克・喬科維奇（Novak Djokovic）的實力很強。昨天我偶然在電視上看到他的球賽，真的稱得上是無人能敵的強悍。其實，我對喬科維奇有種親近感。啊，但我說的不是打網球的實力。什麼？這種事不用說你也知道？這樣說話太失禮了吧。

以前我曾經在某本書裡讀過，他似乎對麩質過敏，只要吃到含小麥成分的食物，身體就會不舒服。他自從知道到這件事後，就改變飲食，從此身體的狀況非常好，更成為了世界第一的網球選手。

這幾年來，我的身體狀況也不太好，因此接受食物過敏原的檢測，結果也和他一樣，對麩質出現了過敏反應。我試著暫時不吃麵包一段時間後，身

體的狀況確實有所好轉。

每個人的體質都會對食物產生不同的反應，有的人適合，有的人不適合。不過，我還是沒辦法完全戒掉麵包。畢竟，要我再也不吃我喜歡的麵包，累積的壓力反而會對身體不好。

據說喬科維奇嚴格管控自己吃的東西，真不愧是運動員。不過，一開始不僅是含有麩質的麵包，醫生告訴他就連起司和蕃茄也不能吃，他還因此哀號：「饒了我吧，我可是披薩店老闆的兒子啊！」我在書中讀到這一段時，還不禁笑了出來。

喬科維奇的雙親在店裡做的「披薩」，可說是義大利的國民美食代表，現在在世界各地都可以吃得到。目前據說美國是全球吃最多披薩的國家，而這種食物正是由移民到美國的義大利人帶去的。

說到披薩，最典型的就是在圓麵餅皮鋪上起司和蕃茄了。先不提喬科維奇的抱怨，其實披薩的誕生和西班牙有很深的關係。實際上，之所以會在披薩餅皮上放蕃茄和蕃茄醬，還要歸功於西班牙。

拿不到利潤好的辛香料，反而帶回了銀礦和蕃茄

所以，包含這段歷史在內，我們今天就來談談西班牙。

首先，要從哪裡開始說起才好？讓我們先順便複習一下，上次在義大利篇裡提到的主角「辛香料」吧。

先前我們談到，在中世紀時，辛香料在歐洲大受歡迎。東印度生產的胡椒等辛香料，就像接力賽一樣，被帶進了歐洲。途中商人們由東到西、引進辛香料，發了大財。

圖 6：披薩上的番茄，是西班牙帶回歐洲的。

辛香料接力賽的當事人們，或許都笑得合不攏嘴，但要說有誰為此付出了代價，那自然就是歐洲的終端消費者了。

眼巴巴看著這些「pepper sack」、接力商人發橫財，其他地區的商人也沉不住氣了。只要是能賺大錢的生意，一定會有人前仆後

繼的加入。西班牙和葡萄牙的商人就帶著「走著瞧」的氣勢，投入這項生意。他們跳過中間商、直接交易，**把船開到了辛香料的產地——東印度。沒錯，這就是大航海時代的開端**。

但其中有些人無法順利抵達，到了別的地方，因此帶回了不一樣的東西。這些東西就是之後讓西班牙成為經濟大國的銀礦，以及改變西班牙飲食習慣的蕃茄。

西班牙大航海，傳布基督教之餘，還能收稅金

先前介紹了達文西所活躍的佛羅倫斯，到了十六世紀便陷入了大混亂。除了對抗羅馬教會、揮舞反動旗幟者引發的宗教對立，還有政治上的混亂。從這個時刻開始，不光是佛羅倫斯，義大利各個城市都失去了過往的光彩。

其中很大的原因，就是大航海時代到來。西班牙與葡萄牙兩國一躍而上取代義大利，站上了主角的位子。**這兩國位於歐亞大陸的西側，從地理位置上來說，很輕易就能從地中海航海到大西洋，因此成為了大航海時代的王牌**

主力。

他們之所以想要把船開到大西洋，其中是有理由的，因為他們想要追尋沉睡在未知土地上的金銀財寶，並且想直接交易、獲得辛香料。

當達文西與帕西奧利活躍於義大利時，哥倫布（Christopher Columbus）接受西班牙國王的援助，打算開船前往印度。經過了長時間的航海之旅，原本以為到了印度，沒想到那裡卻是南美大陸，他們就這麼誤以為：「終於抵達印度了！」而把當地的人稱為印地安人。這可說是在歷史上閃耀著光芒的「誤會」事件。

不光是如此，哥倫布背負了西班牙統治者伊莎貝拉一世（Isabella I of Castile）與斐迪南二世（Ferdinand II of Aragon）兩位偉大君主的期待：「拜託了，一定要帶胡椒回來！」然而，他在當地卻找不到類似胡椒的作物而焦急。儘管找到相似的東西，但他也知道那不是胡椒。他在當時的日誌裡寫到：「都找不到，實在是太傷心了。」如果是在今天，只要把照片貼在Instagram，就一定會有人回覆的。但在當時，他也只能搖頭嘆氣了。然而，無法兩手空空回家的哥倫布，當時還打馬虎眼的說，自己找到了很多類似的果實。

最終，他的航海之旅沒有找到胡椒，但西班牙卻因此獲知了新大陸的存在，並開始建立邁向此地的踏板。自此，**西班牙一邊征服墨西哥，並把寶貴的「銀」帶回祖國。**

哥倫布之後從墨西哥搬回了無數的銀，西班牙在經濟上因此逐漸繁盛。但對墨西哥來說，這種行為真是令人困擾。怎麼可以擅自進入我們的土地，掠奪我們的資源？毫無疑問的，被侵略的一方想必會這麼想。

但是，身為侵略者的西班牙，也有一個冠冕堂皇的名義，那就是「宣揚基督教」。無論在什麼年代，戰爭都是因為彼此透過各自相信的「正義」，和對方產生衝突所引起的。說到大航海時代，當時西班牙和葡萄牙擁有名為傳教的正義。

不過，在傳播基督教的背後，似乎也有經濟上的理由，那就是錢。不是金礦，不是銀礦，就是「錢」。說得更直白一點，就是徵收稅金的權利。金礦也好，銀礦也罷，甚至農產品，總之只要建立新的教會、增加信徒，就能獲得收取稅金的權利。想必這就是西班牙與葡萄牙，積極推行殖民地政策的背景吧。

稅金的起源——扳手指就能計算的「什一稅」

大家都知道稅金，但各位知道徵收稅金，是從什麼時候開始的嗎？

據說從古代美索不達米亞文明的時代就已經存在了。根據現存的紀錄，有一個「什一稅」，也就是一〇％的稅率，當時的人們需要上繳收穫的十分之一。

這個十分之一，肯定和我們人類擁有十根手指頭有關。如果是到十為止的數字，就可以扳手指、計算出來。數到十之後，把一交出來——這種以簡單的計算方式為基礎的稅金，從美索布達米亞一直傳承到後代。

採取了這種計算方式的代表存在，就是宗教。**猶太教、基督教與伊斯蘭教，都對自己的信徒徵收什一稅。**在計算稅金這一點上，不管是哪個宗教，大家還真是志同道合。當中最喜歡這個稅制的就是基督教。羅馬天主教也有這種什一稅。

在遙遠的過去，什一稅原本徵收的是物品。但隨著貨幣經濟的發展，就演變成繳納金和銀了。此外，原本民眾還能按自己的意思繳納，曾幾何時卻變成強制繳納了。簡直就像小孩學校裡的家長會幹部一樣。因此光看這個什一稅，就可以察覺到「從繳納物品、任意繳納金錢、強制繳納金錢」的變化。

接下來就是重點了。無論任何時代都一樣，收稅的一方必定要收到完整的稅額，但被徵收的一方，卻總是想方設法的逃稅。所以收稅的一方，總是會想盡辦法建立一個體系，以穩當的收到稅金。因為如果這個體系太粗糙，就會被納稅者逃掉。

然而，這種「徵稅的手續與成本」卻不容小覷，也因此徵稅的一方就會在這些地方下功夫。

舉一個身邊最常見、簡單易懂的例子，日本的稅務署為了減輕這些徵稅的手續與成本，就把這些業務轉嫁給各公司。各位想想，你們就算自己不納稅申報，也會被公司預扣所得稅吧。這就是因為國家把徵稅的業務，委託給公司辦理的緣故。中世紀的羅馬天主教會也是用一樣的思維來處理，就是把徵稅的業務委託給各教會。

各個地區的教會，會向信眾徵收十分之一的稅，並且從中扣除自己應得的部分，把剩下的上繳給羅馬教會。這裡的重點是，各個教會會確實留下「自己應得的部分」。換句話說，徵稅業務對教會而言，是「有賺頭」的工作。

關於徵稅，是認可各地區獨占的，因此相關人士都開始爭相設立新教會。一旦大家爭先恐後設立教會，就會出現占地盤、畫勢力範圍的紛爭。不僅如此，徵收稅金的權利甚至成了可以買賣的東西。

說到這裡，大家應該已經理解，西班牙和葡萄牙之所以要在殖民地宣傳基督教、建立教會的原因了。他們以宣傳基督教為名義，其實是把目光放在可以賺取的獲利上。

不過，現在所說的徵稅業務的委任，不僅只是教會，在國家層級也成了很大的問題。無論是哪個國家，儘管建立了計算稅金的機制，但要在徵稅業務上做到面面俱到，卻十分困難。因此，就出現了「徵稅承包人」，這些人的風評實在很差，我們會在後面提到。

收稅的是教會，管理國家的國王依舊苦哈哈

儘管教會建立了一套縝密的稅制，因此打造了穩固的財務基礎，但是國

王的財務狀況卻意外的相當脆弱。尤其是西班牙國王，表面上非常盛大的擴張領土，但其實抱持龐大的負債。這樣的勢力關係，對於生活於今天的我們而言，或許比較難理解。這讓我不禁思考，國王與教會，究竟哪一方地位比較高？

對我這個沒有宗教信仰的典型日本人來說，實在很難理解「教會地位比國王還高」的概念。因為這就等於有人說，神社和廟宇的地位在國家之上，這在感受上真是難以體會。不過，我們可以很明顯看出，當時就呈現這樣的狀況。

一邊是掌控強大權力的天主教教會，另一邊是儘管創建了國家的輪廓，但權力較弱的國王。尤其是在資金面，國王吃了相當多苦頭。其中最具代表性的，就是西班牙的歷代國王了。

我們今天所認知的西班牙國土，過去其實是各自分離的國家，在十五世紀末統一，成為西班牙王國。隨著大航海時代的到來，伊比利半島除了葡萄牙之外，終於成為統一的西班牙。

西班牙除了哥倫布發現的美洲大陸之外，還以菲律賓的馬尼拉為據點，進入亞洲，除了直接大量進口嚮往的辛香料之外，也與印度與中國貿易。

除了在海外擴張領土範圍，西班牙也開始在歐洲內陸擴大勢力。西班牙國王卡洛斯一世兼任神聖羅馬帝國的查理五世，統治著今天德國到荷、比、盧三國一帶的土地。也因此，西班牙的領土範圍從廣大的歐洲土地到美洲，成了「日不落帝國」。

建立起日不落帝國的卡洛斯一世，政治手腕確實非常高明，這是不爭的事實。然而，儘管能夠擴張領土，但維持卻不是件容易的工作。因為要維持，就需要許多優秀的人才與龐大的資金。

不管是國家還是公司，只要組織越龐大，就越難經營管理。以結論來說，卡洛斯一世很遺憾的，在經營管理上的「金錢調度」並不順利。

不論國家或企業，表面上給人的印象，和背後的資金運營是兩回事。就算表面上看起來光鮮亮麗的擴張事業，但背後支撐的資金很可能調度不善，這樣的例子不勝枚舉。

無論是個人、企業、國家和組織，只要規模越大，就越需要具備長遠的視野。以個人來說，壽命再長就是一百年。企業的壽命大概會再長一點，而國家則必須存續好幾百年。因此需要具備長期性的展望，有時還必須刻意借錢去投資。

但接下來就會出現一連串難題，像是「借多少錢是可以容許的？」「要是還不出錢，該怎麼辦？」以這點來看，從個人到公司、國家和組織，規模越大，經營也就越困難。

2 執政者不懂會計，國家陷入財政惡化

在卡洛斯一世的年代裡，並沒有什麼會計規則，能夠揭示國家的經營狀態，所以**他們必須自己建立「調度金錢的機制」**。不過，要每天寫帳本，最後製作成財務報表、建立起這樣的運作體系，並不是簡單的工作。

先前提到的梅迪奇銀行領導者柯西莫，就是因為成功建立了管理分散組織的「財務管理體系」，因此成功引導梅迪奇銀行邁向成功。

相較於商業組織，要建立管理國家財政的「財務管理體系」則更困難。更何況卡洛斯一世統治的西班牙，勢力範圍更擴及海洋另一端的新大陸。要掌握在財務管理上的計算，想必是極為困難。

西班牙擁有強力的軍隊，並透過不斷航海征服各地，但其背後一直深為慢性的資金短缺而苦惱。大張旗鼓的擴張領地、擴大軍備，都讓國家在資金

上陷入嚴峻的狀況中。

國王父子都討厭會計，對財政困境視而不見

到了卡洛斯一世的兒子菲利普二世（Philip II）成為國王的時代，西班牙進入了統治歐洲、中南美與菲律賓的「日不落帝國」黃金時代。然而，從父親那一代繼承下來的負債，到了兒子的時代，就像滾雪球一般越滾越大。

收入趕不上龐大的支出，儘管為了彌補赤字而想要借款，但西班牙國內也沒有金融家能夠融資。因此只能向外國的金融家借錢，暫時緩解危機。就算有收入，大都也因為支付借款的利息而消失。

也有人認為：「只要從墨西哥搬回大量的銀就好啦！」但實際支出的金額甚至超過搬回來的銀子，根本沒有辦法解決財政危機。除此之外，由於帶回大量的銀，導致銀的價格下滑，因此甚至引發了通貨膨脹。

卡洛斯一世和菲利普二世這對父子，想必非常討厭會計。無論古今東西，討厭會計的人都有個共同點，那就是「視而不見」。

不管怎麼看，買賣的狀況都不太好，或是國家的財政狀況差，而且明明知道，又或者是正因為知道，他們卻不肯面對現實。對於公司和國家來說，有這種視而不見的領導人在經營管理，是非常可怕的。公司員工和國民只能活在長久的痛苦之中。

如果領導者自覺「自己很討厭會計」，那麼只要在部屬中安插擅長會計的人，就能解決問題了。領導人只需要「讀懂」財務報表的概要，並將記錄、製作財務報表的工作，交給擅長會計的專業人員和部屬就好了。但是討厭會計的人，通常都很討厭這兩者。啊，我想現在有讀者可能在苦笑了，大概是曾有親身經歷吧。不過這可不行，現在開始也不遲，請至少要學會「讀懂」財務報表。

讓我們回到這對討厭會計的父子吧。他們不僅自己討厭會計，身邊也缺乏有財務管理才能的部屬，因此就算他們挑戰好幾次，試圖改革會計制度，最終都沒有成功。

即便是同樣信奉天主教的義大利，不但很喜歡做生意，同時也有重視記帳、帳簿的風氣。但在當時的西班牙，卻充斥著一股氛圍，認為「貴族不應該學什麼記帳之類的買賣技巧」，這可是不行的。

失意宮廷畫家艾爾・葛雷柯，啟發了畢卡索

在這裡向各位介紹一位與菲利普二世很有緣分的畫家，他的名字叫做艾爾・葛雷柯（El Greco）。大家聽過他的名字嗎？

這個名字本身就很有趣，葛雷柯的意思是希臘人，而艾爾是加在男性名字上的定冠詞。換句話說，艾爾・葛雷柯就是「希臘男人」的意思。真的是很隨便的名字。要是別人這樣叫我，我可是會生氣的。

這位葛雷柯在各地精進自己的繪畫技巧後，為了尋求發展而來到西班牙的托雷多（Toledo），這一年是一五七七年。達文西從故鄉佛羅倫斯出發前往米蘭，但葛雷柯卻前往了西班牙。據說是因為他在義大利戲耍米開朗基羅、還和他吵了架，實在待不下去的緣故。話說回來，這個時代的畫家裡，還真多這種人！

畢竟這個時期的西班牙，表面上看起來景氣不錯，葛雷柯或許認為工作

會源源不絕才來的。他不擅長會計，想必也沒有料到西班牙的財政惡化。

葛雷柯對自己的繪畫技巧很有自信，因此夢想成為西班牙的宮廷畫家。實際上他也接到菲利普二世的工作委託而出人頭地，到了「終於要成功了」的地步。他做好萬全的準備，繪製了預計要掛在修道院的畫作，卻被菲利普二世殘酷的評論為：「雖然畫得很好，但不會讓人萌生想要禱告的心情。」倍感失望的葛雷柯，甚至還被友人辛辣的批評：「雖然是一幅很棒的畫，但我不會想要模仿。」

這不禁讓人好奇，他究竟畫了什麼樣的畫？這邊就跟大家分享左頁圖7這幅畫吧：〈聖母無染原罪〉（*The Virgin of the Immaculate Conception*）。

誠如各位所見，他繪製的畫大多數都是直立的。我們就姑且把他稱為「元祖抖音（TikTok）畫家」吧。先不說這個，他的畫風真的很大膽，對吧。說好聽一點，就是很有張力且帶有戲劇性，但當時卻因為太過奇特，而無法獲得眾人理解。

儘管被這樣辛辣的批評，他仍然認為：「可惡，你們根本不懂這些畫作的好！」堅持走自己的路。儘管他的個性如此，他作畫的主題卻極為保守，像這幅畫也是描繪聖母瑪利亞的宗教畫。在天上繪有帶來受孕消息的白鴿，右下角則是天主教宗教畫中，經常會出現的玫瑰與百合花。

他的畫作幾乎都是與基督教有關的宗教畫。不過，這也是理所當然的，

圖 7：葛雷柯，〈聖母無染原罪〉（1608 年～1613 年）。

畢竟委託他的菲利普二世，是目標要以天主教會一統國家的堅定天主教徒。不說義大利如此，在當時的西班牙若想要作畫，也一定會是宗教畫。

葛雷柯在世時，沒有受到應得的評價，就這麼離開人世了。但是在他死後，他的畫又再度受到好評。其契機就是拿破崙（Napoleon Bonaparte）入侵西班牙。拿破崙在西班牙掠奪並帶回的畫作，在法國大受好評。除此之外，讓他評價更為提升的，正是西班牙的後進畫家畢卡索（Pablo Picasso）的登場。

畢卡索在年輕時被稱為「藍色時期」所畫的畫，受到葛雷柯很大的影響，除此之外，塞尚（Paul Cézanne）等多數畫家也被認為受到了葛雷柯的影響。卡拉瓦喬也是如此，所以葛雷柯在他本人都不知道的狀況下，鼓舞了後世的畫家，給他們一股力量：「我要像這位前輩一樣，擇善固執的走在自己的道路上！」

活躍於西班牙的葛雷柯，為後世畫家們留下了「好的遺產」。

那菲利普二世又是如何？他從自己的父親卡洛斯一世繼承了遼闊帝國與龐大負債。若遼闊的帝國領土是光，那麼隱藏在背後的龐大負債就是影子。

借款也分好與壞？重點在於怎麼花

繼承的負債不僅沒有減少，菲利普二世還遺傳到父親討厭會計的個性，更因為飽受資金周轉之苦，煞費苦心發行了償還期間很長的公債，也向其他國家的金融業者借款，最後甚至多次宣告破產。

他既然是高高在上的國王，向金融業者借來的借款，應該也很輕易就能倒帳吧。但畢竟不是自己國家、而是其他國家的業者，所以也沒辦法說賴帳就賴帳。再說，只要倒帳一次，風評就會變差，之後就再也找不到願意借錢的金主了。

儘管財政處於極度拮据的狀態，西班牙仍到處對法國和英國等國開戰，讓財政困難雪上加霜。

在這個過程當中，他們開始了新制，在購買肉、油、酒、醋等用品時必須繳稅。雖然經過各種嘗試，但財政困難仍不見起色。一五九六年再度宣告大規模的破產，而不幸的事總是接二連三，在宣告破產幾年後，黑死病開始流行了，真是禍不單行。

在大航海時代，西班牙可說是霸者，將帝國的領土擴張到全世界各地。他們為了在海上戰鬥、建造了艦隊，在陸地上則是集結了身穿銀盔甲的士兵。他們從侵略的墨西哥土地源源不絕的將銀搬走，最後甚至連美味的蕃茄都一併帶走。在這番輝煌繁榮景象的背後，他們卻忽略並怠惰了培養國內產業，也無力償還不斷膨脹的借款。日不落帝國就這樣沉沒在會計赤字當中。

重新回顧西班牙沒落的歷史後，真讓我無法認為這事不關己。

圖 8：西班牙的盔甲武士，掠奪了墨西哥的資源。

在今天的日本，甚至是世界上的各個國家之間，「到底可以允許國家舉債多少」蔚為話題。最近經常聽到的一種說法是：「如果是好的借款就沒問題，壞的負債就不行。」但我一聽到這個意見，就有些擔心。畢竟當初連西班牙，肯定也覺得自己的負債是「好的負債」。

話說回來，**要怎麼區分好的負債和壞的負債？**說到這一點，又是更難的問題了。若真要我說的話，負債本身沒有好、壞可言，**問題在於怎麼利用借來的錢。借來的錢被用在哪裡、投資到什麼地方，這些才是最重要的。**貸款後，把錢用在創造美好未來的方向上，就是好的負債。但相反的，如果把錢花在無謂的投資上，債留子孫，那就是壞的負債。以結論來看，西班牙的狀況，就屬於壞的負債。

先不說複雜的財政話題了。為了不步入當時西班牙的後塵，最重要的就是預先了解自己的資金狀況。會計管理的重要性，無論是在個人、企業抑或是國家層面，都是不變的。

以順序來說，首先是要建立一套體系、可以釐清自己的收支，這是第一階段。第二階段，則是仔細分辨好的負債與壞的負債。

累積善行，其實是為下一代儲蓄

先前提到壞的負債與好的負債，這裡再多告訴各位一些好康的吧。不同於借款，大家知道個人儲蓄也分好的儲蓄與壞的儲蓄嗎？

存錢本身是好事，但如果因為太過節儉而過於小氣，可就不行了。如果小氣到連朋友都沒了，那就是壞的儲蓄了。相對的，好的儲蓄是能夠一面享受人生、一面儲蓄。請大家盡量多存一點這種存款。

不只如此，還有一種最好的儲蓄，這種儲蓄叫做「宇宙存款」。不過，這不是真正的存款，而是關於看待事物的態度層面，請大家務必聽聽看。

很遺憾的是，存了這個宇宙存款的人，沒有辦法親自提款。本人只能存款，並把錢存到遙遠的天空彼方。可以從天空中提款的，只有自己的小孩。當自己死去之後，會有人出現在還活著的孩子面前，告訴他：「之前你父母很照顧我。」並對他伸出援手。這就是宇宙儲蓄的提款。

也就是說，累積善行並為他人付出，總有一天自己的孩子也會獲益，這就是宇宙儲蓄的存款與提款。

我當初聽到這種宇宙儲蓄時，覺得：「啊！原來如此！」我以前不知道有這麼崇高的儲蓄。對於過去一直說著利息幾%、幾%的自己，真是十分慚愧。請各位也務必試試這個宇宙儲蓄吧。

請試著讓更多人在自己離世之後，會微笑的說：「真是承蒙他很多照顧。」如果每天抱持這樣的念頭活著，是多麼美好的一件事。而且又不會被抽十分之一稅，簡直是太棒了。

3 對誰收稅，收多少，永遠吵不停

接下來，讓我們再回顧一下歷史。我們從義大利開始講起，提到柯西莫讓梅迪奇銀行成為首屈一指的大銀行，帕西奧利在《算術、幾何、比例總論》中介紹了簿記法，而帕西奧利和達文西在米蘭相遇，以上這些都發生於十五世紀。

到中世紀十五世紀為止，歐洲在經濟層面的主角是義大利。但是義大利的經濟卻在進入十六世紀後轉壞。其中的契機，當然就是我們曾多次提到的大航海時代到來。這時一躍成為經濟上的主角的，便是位於地中海出口的西班牙。

從十五世紀的義大利到十六世紀的西班牙，上演了一齣主角更替的戲碼。正是在這主角交接之際，歐洲也迎來了另一個巨大的轉機，就是與天主教對抗的「基督新教」崛起。

基督新教的抬頭，當權者大都是天主教富二代

新教徒中以開創者而聞名的，有馬丁・路德（Martin Luther）和約翰・喀爾文（John Calvin），而基督新教初期的當權者當中，卻有很多是「天主教會的相關人士、當權者的兒子」。也就是說，要問這些人到底在反對（protest）什麼的話，其實他們是在「反抗父親」。

信奉天主教的父親們，都會覺得自己是為了兒子好：「你也來加入天主教！」然而對此產生反抗心態的兒子，就會反駁說：「死老頭，誰要加入那種腐敗的組織啊！」於是，父親就會說：「臭小子，你以為你是靠誰才有飯吃？馬上給我滾出去！」很遺憾的，這些天主教的爸爸們都不知道要存宇宙儲蓄，反而用高壓的態度命令兒子，因此父子間產生了對立。上面這些對話雖然是我的想像，不過，我猜應該跟真實狀況相去不遠。

其實剛開始，馬丁・路德並不打算開創新教派，他只是想要改革天主教

內部而已：「改掉以賺錢為主導的路線，重新找回純潔的心靈。」這就跟日本自民黨從內部發起改革呼聲的狀況一樣。

面對這種改革的聲音，天主教也做出回應。在十六世紀中期，為了讓雙方有個對話的場域，舉行了特利騰大公會議（Council of Trent）。然而新教徒的缺席，導致雙方的對話很可惜的以決裂告終。至此，可說是天主教與基督新教對立的決定性時刻。

最終，在特利騰大公會議上，天主教的一方除了說著新教徒的壞話：「新教徒真是讓人覺得差勁！」之外，他們還認為：「我們天主教一定要團結一致，一起加油！」

十六世紀中期發生了這些事後，天主教和基督新教幾乎已經確定今後對立的狀況了。而義大利和西班牙都是站在天主教這一邊，尤其是西班牙的卡洛斯一世和菲利普二世這對父子，就像是天主教的守護神一般，所以他們才會在新大陸以及亞洲傳播天主教。不過，我相信，其中當然也有對稅金收入的期待。

天主教會組織僵化，拜金主義開始蔓延，出現了大企業病的症狀。基督新教為此而擔心：「這樣不是很腐敗嗎？」然而天主教卻憤怒的反擊：「你以為你是誰啊！」結果兩者的對立不但沒有平息，反而越演越烈，成為嚴重的宗教對立，最終甚至演變成「霸凌」。

天主教相關人士仗著自己是舊有勢力、在政治上較有力量，就迫害基督新教徒，行為非常過火。火燒、活埋、肢解，總之非常殘忍。不過儘管受到這樣的對待，新教徒也沒有扭曲自己的信念。但這麼一來，敵對就越發嚴重，成了對立的惡性循環。

在父親的故鄉大肆迫害、增稅

在歐洲北部的法蘭德斯地區（Flanders）、低地國地區（Nederland）等區域，宗教的對立最為嚴重。以現在的地名來說，就是荷蘭（按：荷蘭宣布自二〇二〇年起，在運動賽事及觀光宣傳場合，使用「尼德蘭」作為正式名稱）、比利時一帶。

這裡本是卡洛斯一世出生、成長的故鄉，所以卡洛斯一世成為西班牙國王後，也對這個地方的人民非常友善，不管怎麼說都是自己的故鄉嘛。但是王位交替後，兒子菲利普二世一旦繼位，一瞬間所有的狀況都改變了。畢竟對「父親的故鄉」，本來就不會有那麼深的情感。

父親的故鄉增加許多新教徒，因此菲利普二世就迫害這些眼前的敵人。這讓人覺得，菲利普二世對天主教的崇信，真的是非常堅定又虔誠。菲利普二世的妻子是英國出身的瑪麗一世（Mary I），她和自己的丈夫一樣，都迫害新教徒，因此被人稱為血腥瑪麗。兩夫婦都是堅定的天主教徒。

不僅迫害新教徒，菲利普二世在經濟方面，也折磨著父親的故鄉，那就是增稅。

法蘭德斯和低地國等地區，本來是哈布斯堡家族（House of Habsburg）的領土，以港口都市為中心發展工商業。因為此地的稅收十分龐大，托了這個地區的福，對西班牙的財政有很大的幫助。

父親卡洛斯一世想必十分感激自己的故鄉，但是兒子菲利普二世卻對此地課以重稅。他或許認為：「都是因為父親的負債，才變成現在這種狀況，我當然要對父親的故鄉多收點稅了！」唉，其實還不至於到這種程度吧，不過，總之菲利普二世在宗教和經濟兩個層面，都對父親的故鄉相當苛刻。

當然，遭受這種待遇的人民便憤恨不平。這股憤怒，最終演變為對西班牙的叛亂、並且發展為獨立戰爭。這一部分，我們會在後面的荷蘭篇提到。

留下的教訓——組織領導人也得懂會計

講到這裡，差不多要為這次的西班牙篇做個總結了。

在上次的義大利篇中，我們提到義大利發明了銀行，以及「簿記」這個劃時代的會計工具，那麼**西班牙又發明了什麼？他們什麼也沒發明。**

然而，他們卻在會計上留下了非常重要的教訓，那就是「由不懂會計的領導人統領的組織很危險」。

西班牙這對不懂會計的父子，在擴張領土及計算支出方面，都無法建立一套在會計上經營管理的體系。也因此，他們無法掌握自己的財務狀況。他們只賣力的償還眼前的債務，當還不出錢時，就對北方的土地課以重稅。這簡直就跟總公司裡面，那些欺負子公司的傲慢社長一模一樣，當然會招來反感了。

此外，如果要說，我們還能從西班牙身上學到什麼教訓，那就是「建立稅金制度十分困難」。

無論是宗教的教會組織還是國家，要維持一個組織，就需要錢。要募集金錢，就必須收取稅金。但要決定對誰、以什麼基準徵稅，可沒那麼簡單。因為其中一定會有人心懷不滿，或是在徵收稅金的過程中也會出現利權，不正當的行為橫行。**想要建立讓所有人都心服口服的稅金制度，簡直是妄想**，可說是極為困難。當時的西班牙也因為稅金的問題，招致許多憤怒與不滿，這樣的狀況，也在後續內容提到的其他國家不斷上演。

義大利披薩上的番茄，是西班牙從南美帶回來的

在本章的開頭，我們提到網球選手喬科維奇對麩質過敏的事。家裡開披薩店的他，一聽到不只是小麥，就連蕃茄和起司也得避開時，讓他非常失望。圓麵餅皮加上蕃茄和起司，就是披薩的招牌口味了。其中「蕃茄」就是

西班牙士兵從南美洲帶回來的。

西班牙的士兵豪傑們，在飲食上反倒是令人意外的保守，據說一開始看到鮮紅奇特的蕃茄，還產生抗拒感，不太敢吃。不過在謹慎試吃之後，蕃茄終於漸漸的占據了他們的餐桌。「沒想到這麼好吃！」透過這些勇者，蕃茄飄洋過海，逐漸從祖國西班牙進入義大利，甚至擴散到歐洲各地。一提到蕃茄，我們都會抱持刻板印象，認為那是西班牙或義大利的食物，不過它其實是從南美傳過來的。

對了，經常有人會說「哥倫布發現新大陸」，我剛才也這麼說，不過這也是類似的概念，該說是先入為主呢，還是看法太過片面呢。

其實，在哥倫布之前，南美的人民就已經生活在那裡了。以西班牙的角度來看是「發現」，不過對南美的人來說則是「這些人來了」。

在論述歷史的時候，我們必須注意，不要抱持這種偏見。不要片面的以各個國家的角度，單方面的看待事物，而是要俯瞰大局，來看彼此之間的關聯。這就是最近經常被提出的全球史（Global History）概念的背景。

隨著這股全球史的浪潮，在日本高中課堂上，日本史、世界史也合併成為一門「綜合歷史」的科目了。其中的意涵就是在學歷史的時候，必須抱持更廣闊的視野。

不要用「發現」或者「來了」，而是「遇見」這個詞來表達，這樣如何？這當中的確有一段悲慘的侵略歷史，但今天人們卻必須互相敬重、和平的生活下去。也正因為如此，我們要學習歷史，彼此尊重。

順帶一提，從南美傳來的蕃茄，在歐洲的飲食文化中深深扎根。名為血腥瑪麗的雞尾酒，當中也加了蕃茄汁，而塗了蕃茄醬汁的披薩，更深受全世界人喜愛。

第3章
寬容精神，催生出股份公司與證交所（荷蘭）

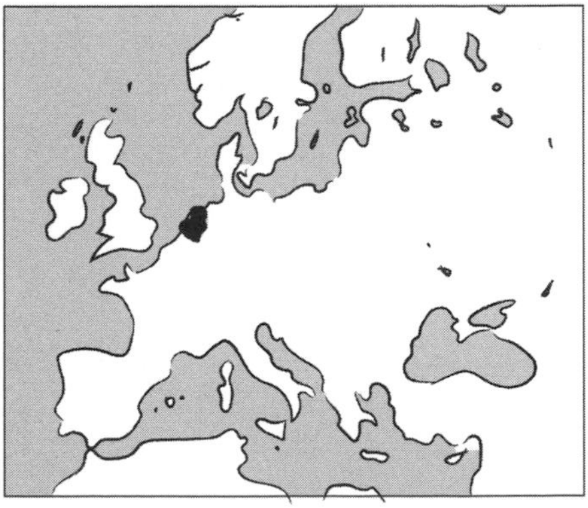

1 工作善惡論，催生出荷蘭與比利時

幾年前我到歐洲旅行的時候，遇上了扒手。

當時我身上的現金都被扒走了，損失的金額大約是數萬日圓左右。這其實不是金額多少的問題，主要是精神上非常衝擊。為什麼？因為我心裡一直認為：「會在歐洲遇到扒手的人，是他們自己不好。」其實我一直知道歐洲有很多扒手，所以一定得多注意，人們之所以會被扒，也是因為不小心的關係。沒想到這次我自己竟然也被扒了，真是讓人喪氣。

事情就發生在我從荷蘭的阿姆斯特丹，要前往比利時布魯塞爾的特快列車上。

從阿姆斯特丹到布魯塞爾的特快車，車程大約需要將近兩個小時，比從東京到大阪還要快。列車途中會在鹿特丹停留十分鐘左右，我就是在這個時候遇到扒手。我把錢包放在後背包裡，並把後背包放在頭頂的置物架上，這樣就被從鹿特丹上車的幾名扒手集團盯上了。

貧瘠土地，意外造就荷蘭的畜牧業

不到幾分鐘的時間，他們就把手伸進我放在背包裡的錢包，而且只偷走紙鈔。簡直就像是在向我炫耀他們的扒竊技巧一樣，真的讓我很不甘心。

當地的朋友曾勸告我：「記得不要把包包放在置物架上！」但我真的沒想到，才那幾分鐘的光景，紙鈔就被抽走了……大家也要特別注意，可別遇到這種事啊！

我當然覺得，自己很注意頭頂置物架上的背包，但或許是注意力都被車窗外的風景吸引了吧。從荷蘭到比利時的列車上所見的風景，與義大利和西班牙那種南國的風景不同，有著一股恬靜沉著的氛圍。

從車窗望出去的景色，尤其是荷蘭一帶，真的是再怎麼客套，都很難說那裡適合居住。一千年前羅馬帝國占領此地時，羅馬人也沒有把這裡當作殖民地，大概他們也知道這裡不宜居住吧。

這個地區被稱為「低地國」，誠如其名，此地正屬於低地。低於海平面的土地經常發生水災，這裡的水質也很差，很難栽培作物。無論怎麼看，都覺得此地不適合住人。

但是在中世紀之後，來到此地的人們卻努力的要「想點辦法」。他們對低窪地形進行了大規模的土地改良，建立堤防、挖掘排水溝，並且為了防範洪水，也圍海造地。原本用來把穀物磨成粉的風車，也用來抽出人造地的水。這麼一來，風車就成了對荷蘭人來說，有深遠意義的存在。

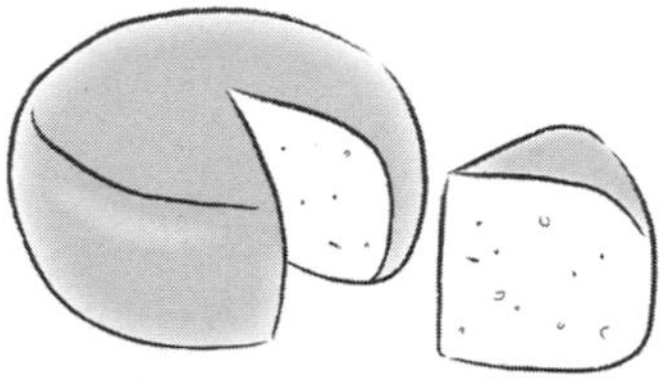

圖 9：低地國土地貧瘠，轉而發展酪農業。

儘管歷經了千辛萬苦、圍海造地，但這片土地卻種不出小麥。不過，人們反而開始改種大麥與啤酒花，因為就算排水很差，這些作物還是能成長，也開始生產啤酒。除此之外，許多農產地也放棄了栽培作物，轉而從事酪農業。也因為這樣，荷蘭開始製造美味的起司與奶油。其中有些起司，甚至直接以城市名稱來命名並成功品牌化，例如哥達起司（Gouda cheese）就是其中一個例子。

低地的居民越來越擅長製造啤酒、起司和奶油等附加價值高的產品，並透過輸出商品、生意也越做越大。這些都讓我們看到低地國獨有、絕不向惡劣環境低頭的創業家精神。

名畫裡的雪景，述說的是苛稅下的人民哀嘆

在此容我為大家介紹一位畫家：老彼得．布勒哲爾（Pieter Bruegel the Elder）。他出生於此地，但他的出生年月日不明。低地的人大概是忙於圍海造地，沒辦法像義大利人一樣辛勤記錄吧。

請各位看看下頁圖10這幅畫，這是布勒哲爾在一五六六年所畫的〈伯利恆調查〉（*The Census at Bethlehem*）。我在比利時皇家美術博物館參觀過這幅畫的真跡。沒錯，就是我在列車上錢包被扒後，一邊帶著非常難過的心情，一邊參觀的畫作。

布勒哲爾以自己的故鄉為背景畫了這幅畫。正如大家所見，畫中盡是一片雪景。這正是歐洲北方的景色，也是在義大利和西班牙等氣候溫暖的南方國家看不見的。

不知道是不是因為天氣寒冷，人們都聚集在左邊的酒館。不過總覺得這些人看起來都不太開心，感受不到一種「來喝一杯吧」的開朗氣氛。

當然這也情有可原，因為其實這些人不是來喝酒

圖 10：老彼得．布勒哲爾，〈伯利恆調查〉（1566 年）。

的，而是來繳稅的。在酒館前，可以看見坐在桌子前面收稅的人。酒館的牆壁上掛了哈布斯堡家族的紋章，就能知道這些收稅的人，是從西班牙來的。

當布勒哲爾畫這幅畫時，當地還是西班牙的領地。為財政惡化所苦的西班牙國王菲利普二世，對此地的人民課以重稅，試圖彌補財政上的不足，我們在上一章提過這些內容。

當時的稅金被稱為人頭稅，是一種簡明易懂、用「每個人收多少錢」的方式來課稅。人們到了酒館前，申報家族裡有幾個人，再以此計算繳納的稅金。人頭稅對較為貧困、家裡孩子又多的人來說，是一種非常苛刻的稅金。孩子多的爸爸，也只能搖頭嘆氣了。

正好在這個時期，低地國地區遭遇嚴冬的寒害，據說許多人都處於飢餓狀態。在這樣艱困的狀況下，好不容易賺到的錢，卻要被遠道而來的官員拿走。這麼一來，此地對西班牙憤怒的情緒會不斷高漲，也就不稀奇了。

此外，這片土地的人們之所以會憤怒，還有另一個很大的原因。這我們也在先前說明過了，不知道大家還記不記得？沒錯，就是菲利普二世對新教教徒的迫害。

馬丁路德與喀爾文為了對抗天主教而興起的基督新教，在低地國地區的教徒不斷增加。但天主教的守護神菲利普二世，卻不容許這種狀況，只要發現了新教徒，就不斷迫害他們。

勞動是好事 vs. 勞動是苦差事

話說回來，布勒哲爾畫中的北方商人，**為什麼會從天主教改信基督新教？**簡單來說，**理由就是基督新教「肯定工作與賺錢獲利的行為」**。

對天主教來說，勞動是苦差事，是辛苦的行為。也因此直到今天，天主教國家的人只要被強迫加班，就會強烈的反感。對他們來說，可能的話，最想要逃避的就是勞動。這和即便犧牲家人都要加班的日本人完全不同。

基督新教的領袖針對天主教「勞動是苦差事」的想法，發起了負面宣傳。試想一下，這與日本的在野黨一樣，為了要集結反對自民黨的選票，就必須樹立一個反對態度鮮明的「對立軸」，這樣才能讓人容易理解與接受。而基督新教也是為了擺出鮮明態度反對天主教，便索性肯定「勞動是件好事」。

其中喀爾文教派更是高唱「勞動是善的」。他們強調，認真工作、創造利潤，完全不是罪惡之事，所以人們必須認真工作，每天努力過著簡約而樸質的生活，這才是神所祝福的生活方式。這種說法受到商人們的歡迎，尤其是讓低地國地區的商人認為：「這就是我們一直尋找的宗教！」因此他們就改信了新教。

我們可以了解，「勞動是好的」這種反面宣傳會受到大眾歡迎。那麼究竟這種概念，又是怎麼滲透到商人之中的？

無論你做出了再怎麼好的商品，要是沒有人知道那件商品的優點，就不會有人要買。無論是商品或服務，甚至是宗教，如果在宣傳方面做得不好，就做不成生意。

而基督新教的領袖就將著眼點放在「新的技術」上，這個新技術就是印刷術。藉由德國的谷騰堡發明的活字印刷術，印刷品取代了手寫，就能夠大量製作宣傳單和書籍了。

新教的領袖不僅沒有將自己的主張複雜化，更以一般大眾為目標，製作簡單易懂的諷刺畫，並印刷成宣傳單到處發放。他們考量到當時識字率低，很多人無法閱讀文字，因此畫成大家都能懂的諷刺畫，並印刷出來到處發送。他們將天主教的有力人士畫成猙獰的獅子和野狼，甚至還聚集群眾、上演紙偶劇，真是擅長宣傳啊。

我說這種話，大概會被當時的新教領袖破口大罵，但我真的覺得他們很擅長市場行銷。他們這種「用簡單易懂的方式表現、傳播出去」的手法，跟最近的數位行銷是相同的概念。我認為這種做法和今天利用 YouTube 和抖音的人一樣，簡潔的表達自己的想法和主張，並在新媒體口耳相傳、傳播開來。

正如今天的數位行銷，少不了智慧型手機這個工具一樣，當時也同樣憑藉了新的工具宣傳。

這個新工具就是印刷成書籍的《聖經》。當活字印刷術實用化，書籍開始在歐洲流通時，最先出現的暢銷書就是《聖經》。原本只在教會相關人士之間、宛如祕密情報的《聖經》，是由難懂的拉丁文寫成的，一般人根本看不懂。但口語化的《聖經》連一般人也看得懂，因此便成了暢銷書、在各地普及，這也讓新教徒逐漸增加。

「天主教販賣贖罪券，只是為了要賺錢，簡直不像樣。我們即便不去教會，只要閱讀《聖經》，就能與神連結」，這就是新教徒的主張。也因此對他們來說，口語版的《聖經》便不可或缺。

打贏的成了荷蘭，打輸的成了比利時

此地區的地勢原本就較低，容易發生水災，再加上天氣寒冷，不宜居住，而且好不容易開始賺錢了，卻又被課與重稅。不僅如此，就連手拿《聖經》禱告都被禁止。

各種事情接二連三，在北方的基督新教商人們之間，就累積了許多憤怒情緒：「可惡，這些西班牙混蛋，給我記著！」

累積到一定的程度後，他們終於也挺身對抗西班牙了。他們下定決心、再也無法忍受後，對西班牙發起了反抗戰爭，最終演變成自西班牙獨立的戰爭，這就是八十年戰爭（按：也稱荷蘭起義、荷蘭獨立戰爭）。

在這場戰役裡，西班牙士兵身穿銀盔甲，而迎擊的則是新教徒商人。開戰吧！……說書人講到這個場面的時候，通常都會很興奮高昂呢。

但是商人們其實是非常孱弱的，畢竟他們根本不習慣打仗，與歷經沙場的西班牙士兵對抗，形勢實在不利。甚至還有製作起司的人披著起司桶上戰場，被旁邊的人抱怨「味道實在太臭了啦」。由於情勢實在太糟了，因此他們還僱了傭兵，但仍然居於劣勢。

商人們明白正面迎擊根本沒有勝算，所以他們只好在戰場上拖拖拉拉、無所事事。也因此這場戰役一拖就拖了數十年。不過以結論來說，北邊的七個州脫離了西班牙的統治，在一片混亂之中達成了獨立，成為了今天的荷蘭。至此，歐洲終於出現了由基督新教徒建立的新國家了！不過很遺憾的是，南方的各州沒有完成獨立，仍然在天主教的掌控之下，這就是南方的比利時。這兩國並不是直接因為戰爭而分裂，而是以戰勝了西班牙與未戰勝西班牙的結果，而被分成兩邊。

就這樣，**藉由獨立戰爭的結果，荷蘭和比利時在宗教上被分為兩個國家。**對於不太了解宗教上淵源的日本人來說，很多人都不太了解兩國之間的關係。儘管阿姆斯特丹和布魯塞爾之間有特快列車連接，可以去兩地觀光、喝啤酒、吃吃東西，卻不知道這兩國的建國背景，我就是這樣，才會在電車裡遇到扒手！對不起，我又舊事重提了。

2 宗教停戰宣言：想賺錢的就來

基督新教國家——荷蘭，出於對信奉天主教的西班牙的憤怒而建國。一般都會認為，他們一定殘留著「憎恨天主教」的情緒吧，但是他們並沒有如此。在建國之後，他們對歐洲各國發出了令人震驚的宣言：「我們不問宗教，只要是商人都歡迎。想要做生意的人就來吧！」說到底，這就是「宗教的停戰宣言」。

商人們的宗教停戰宣言，歡迎頭腦和資金

我們以基督新教的國家而獨立了，但從今以後，我們不要再為宗教而爭執。只因宗教不同就打起來的話，會讓自己的家人和親戚陷入戰爭中，所以

他們宣告：「我們荷蘭不問宗教，只要是商人，我們都很歡迎，所以商人們盡量來我們荷蘭吧！」

這麼一來，不只是基督新教徒，就連南方的天主教商人也遠道而來。想要做生意的人們，一邊哼著歌，一邊來到阿姆斯特丹，其中甚至還有長久以來在各地受到迫害的猶太人。

先講結論，待會我們要談到的荷蘭阿姆斯特丹，出現了全世界最初的「股份公司」與「證券交易所」。

上一次我們說到，**銀行和簿記誕生於義大利**，許多人或許會相當驚訝。**「股份公司與證券交易所誕生於荷蘭」這個事實**，相信也會讓許多人非常吃驚吧。對現代人來說，十分熟悉的股份公司，以及買賣證券的證券交易所，這兩者的發祥地竟然是荷蘭，真的滿令人意外的。

在這個劃時代的發明背後，就是「宗教的停戰宣言」。我認為這是很重要的一點。通常意氣相投的一群人，要創造出厲害的發明、創新，是很困難的事。畢竟感情要好的人湊在一起，也會不知不覺的抱怨東、抱怨西，要怎麼創造新事物？這個時期的荷蘭，便能帶給我們一些啟發。這時他們所做的，就是集結擁有未知想法、點子的「異類」，他們主動創造了這樣的契機。

比方說，今天各國執行的移民政策，不只是日本，美國和歐洲也是這樣，一提到移民，就會想到要以低廉的薪資，僱用能助一臂之力的勞動力。「我們自己會做需要動腦的工作，移民們只要照著我們說的話去做就好了」，我認為各國都有這種想法和態度，換句話說，就是想要便宜的單純勞力。

但是剛建國的荷蘭卻非如此。比起人手，他們更想要的是「頭腦」。他們歡迎擁有嶄新想法、劃時代創新點子的移民，因為這些是他們自己欠缺的。當然，他們也歡迎擁有優秀技術的專業人士。不過不僅止於此，我認為他們更是積極的招攬，肉眼看不見的創新和創意。

這實在不是容易的事。不僅是移民，就連日本公司的「中途採用」（錄用有工作經驗的人），也偏向錄取「符合本公司風氣」、且不會違反公司既有風格的人。但是這麼一來，就很難迸出一些劃時代的創新想法。

不光是移民和中途採用如此。我認為，想要開始一件新事物，或者是想要改變某些做法的時候，就應該要歡迎一些新的人，因為他們通常擁有不同於自己的想法。例如，在今天這個數位轉型非常迅速的年代，和年輕人一起合作就比較有利。這個時候，就要仰賴他們的頭腦和感性，讓我們成為他們的幫手、一起工作。年紀較長的人必須不擺架子、謙虛以待。現在可是人人都能活到一百歲的時代了，這就是能長久工作的祕訣，我也一直這麼告誡我自己。

聚集在阿姆斯特丹的商人，結合產業與金融

進入十七世紀後，由於宗教的停戰宣言，使得喜歡做生意的人超越了宗教藩籬，聚集到阿姆斯特丹。

造船業的男人也來到此地高喊：「造船的事就交給我吧！」因此建國後的荷蘭，迅速成為擁有高超造船技術的國家。接著又有海運業的船員聞聲而來，驕傲的說：「我很擅長操縱船隻喔！」

接下來，出現了擅長買賣與交涉的貿易商人，之後又有建築港口的建築業、將物品儲存在倉庫的倉儲業。總之，各種生意的商人接連來到阿姆斯特丹。他們除了原本就擅長製造啤酒和起司，又加上各式各樣的食品、服裝、

工藝品等，各種製造業逐漸興盛，而運輸商品的航海業也很完備。

就這樣，各式各樣的商人聚集之後，自然而然就出現了買賣需要的市場。在市場做生意後，談妥的各種商品「時價」，就成了寶貴的資訊。這個時價的資訊，讓歐洲各地的商人趨之若鶩。

阿姆斯特丹聚集了做買賣所需的「人、場所、資訊」，而這些因素逐漸循環起來。商人的國度荷蘭，就因為各種貿易與商業，一口氣活躍了起來。

自此荷蘭也不斷出現各種新商業買賣，不過，要如何集結事業資金，就成了一大課題。無論是什麼樣的買賣都需要資金，而要由誰、如何集資，就成了大難題。

遇到這個問題，猶太人首先向前踏出一步說：「資金的問題，就交給我們吧！」一說到金錢、金融，就是猶太人的舞臺了。

原本對於天主教教會來說，「時間是神的產物」，因此他們禁止商人藉由放貸來收取利息。所以我們前面也提到，義大利的「Banco」只能藉由收取手續費來營利。而其中的例外，就是異教徒的猶太人。當時的天主教教會把金錢借貸看作是「低賤的猶太工作」，並強加在異教徒的身上。

猶太人甚至承受著意味了利息的「usura」（高利貸）罵名，以金錢借貸來維持生計。他們為了生存下去，不斷的學習金融相關知識，同時也積極的蒐集資訊。也因此，他們比基督教徒更擅長處理金錢方面的事，最終成為「擅長金融的猶太人」。

猶太人掌握了確實的金融知識，並在各地蒐集資訊，在資金面支撐著荷蘭的商人們。

除了經營各種產業的商人之外，後援還有在金錢層面支撐的猶太人，這種產業與金融的超級結合，讓荷蘭在短時間內，迅速掌控了歐洲近海的貿易。這塊被羅馬人嫌棄、不願居住的北方低地，就這樣成為了歐洲數一數二的經濟國。

後起之秀荷蘭，進入東印度航線

就如同卡洛斯一世和菲利普二世這對討厭會計的父子，西班牙儘管熱心於政治、外交與軍事，卻不擅長財政相關的金融問題。換言之，西班牙是「政治、軍事、外交至上，金錢在下」。

然而相對於此，將勞動視為美德的基督新教徒建立新的國家，並集結了各路喜歡經商的人馬，氛圍可說是與西班牙完全相反的「金錢至上，政治、軍事、外交在下」。

這裡有一個簡單的小故事。

在獨立戰爭的時候，低地國地區據說有一位名為米蘭德的商人。他什麼事不做，竟然在戰爭中賣武器給敵國西班牙。當荷蘭成功獨立建國後，這樣的行為被視為一大問題，因此他還被告上了法院。

但米蘭德卻主張自己無罪。「這裡分明就是商人的國家，我只不過是做賣武器的生意，哪裡有錯？」

如果是重視政治、軍事與外交的國家，那麼這或許是犯罪，但這裡不是經商的國家嗎！這就是他的主張。最終他竟然被判決無罪。一般來說，不可能會這樣判決吧，真不愧是商人的國家荷蘭。

正因為荷蘭是商人的國家，學習經商、賺錢絕對不是什麼卑劣的行為，反倒是值得鼓勵的事。

荷蘭人舉國上下，都很熱心的學習誕生於義大利的簿記法。從小孩子到商人、政治家，都認真的學習。當然商人們更會仔細的記帳，當時社會上瀰漫著一股重視會計的氣氛。

被西班牙人視為「低賤的事物」、「麻煩的事物」，而不願意接觸的財務會計，荷蘭人卻光明正大的學習，並且勤奮的進行各種生意買賣。這種對於金錢的「健全欲望」，便創造出足以在資本主義歷史上留名的發明。首先，第一個就是股份公司。

儘管荷蘭掌控了歐洲的近海貿易，但他們不因此滿足，甚至更向前擴張自己的貿易範圍。他們所做的，就是遠洋航海到遙遠的東印度。自此，他們商業上的快速進攻，可說是揭開了第二幕的序曲。

東印度航線是先往大西洋的南方前進，繞過非洲南端的好望角後，再朝著東亞前進。這是西班牙、葡萄牙早已開拓、一直以來派出船隻航行的路線。

當時中盤商把胡椒從東方透過驛傳接力賽引進，為了要跳過這些商人，西班牙和葡萄牙因此開拓直接貿易的航線。這兩個天主教的國家獲得了龐大的利潤，想必也獻上了感謝神的祈禱吧。

但荷蘭商人不甘心這樣眼巴巴的默默看著，怎麼能讓可恨的天主教國家西班牙、葡萄牙，獨占龐大的利潤？他們一點都不膽怯：「說到海上貿易，我們也不會輸啊！」因此這支較晚出發的隊伍，也搶著進入東印度航線。為此他們所發展的組織，就是有名的「東印度公司」。

為了穩定調度資金，股份公司與證交所誕生

順帶一提，當年前往東印度的荷蘭船隻，有一艘複製品，今天仍展示在阿姆斯特丹的博物館裡，我對其尺寸的龐大感到非常驚訝。這艘船上裝載著大砲，在右舷、左舷兩側各裝備了四門。為了裝載這些大砲，船身一定要非常巨大且堅固才行。

在陸地上的獨立戰爭已經結束，但在海上又是另一回事了。荷蘭經常會在海上和西班牙、葡萄牙的船發生糾紛：「一看到他們，就要打個片甲不留！」簡直是殺氣騰騰。為了作戰，一次都會由好幾艘船組成大艦隊出海。如果只有一艘船，就會被敵方以多擊少、團團包圍，要是被打中了，甚至會

沉船。當時的船隻是商業與戰鬥兼用的，所以尺寸都很大，而且每次都會有好幾艘船同時出航。

一旦備齊了許多大型船隻，就必須增設、改建能停泊的港灣設備。而且不光只是荷蘭的港口，就連目的地的港口，也必須整備完成才行。甚至為了要在當地進行各種交涉，還必須為交涉的負責人，準備居住的住所。

就因為種種原因，東印度公司成了需要龐大資金的事業。而且船隻的航行不是只有單趟，而是好幾次的往返，因此需要長期性的資金調度。在短期間內想要調度「巨額且長期性的資金」，實在是太手忙腳亂了。

那麼，有沒有其他方法，可以長期、穩定的調度到巨額資金？——為了解決這個煩惱，他們想出的解決方案就是「股份公司」制度。

在這個劃時代的發明出現的背後，存在著新的難題，而為了要解決這個難題，就誕生了新的發明。

義大利商人在各處旅行時遇上了盜賊等危機，「Banco」為了解決這個問題，發明了「匯票」的服務。這次為了解決荷蘭商人航海到東印度時，「必須調度巨額且長期的資金」難題，想出了解決對策——股份公司。

股份公司在當時是劃時代且獨特的點子，因為**他們創造出一種不用還錢的資金調度方式**。一般來說，借了錢就要還，但如果是出資的話，就沒有返還的義務。為了建立這樣的形式，他們便創造出「公司的擁有者是股東」的理論。

對於股東，也就是公司的擁有者，只要在賺錢的時候，按照獲利將盈餘「配息」給他們就可以了。要是沒賺錢，就說一句對不起、道個歉就了事，不需要發配盈餘。

採用這個股份公司的制度，就不需要為還錢而煩惱了。這樣看來，這還真是一套設想周到的制度。

這裡有一個重點，那就是**隨著股份公司登場，會產生「擁有與經營分離」的現象**。至少在形式上，股東就成了擁有者，也就是公司所有人，這可說是資本主義非常大的轉換點。

接著，**他們為公司所有者（股東），準備了一個場所，可以把自己手頭上的股份換成金錢，那就是證券交易所——交易股票的市場**。這麼一來，股東也可以繼續持有股票、繼續領配息，但也可以賣掉股票。配息的投資所得

（Investment Income）和賣掉股票的資本利得（capital gain）成為兩個選項，讓人們可以從中自由選擇。

在這種創新點子的背後，肯定隱藏著擅長金融的猶太人的智慧。想要創新，還是少不了特別的才能啊。

3 手上熱錢找出口，造就史上第一個「泡沫」

歡迎新想法與人的精神、對金錢熱心學習的勤勉，這些要素讓荷蘭發明出名留青史的股份公司與證券交易所。然而，接下來卻發生一些問題。

如果他們對金錢和獲利的欲望，還保持在健全的範圍之內，那還沒有問題。但不知不覺間，他們卻逐漸踏進了貪婪的領域了。這可說是衝過頭的失控市場行銷。

東印度公司的股份開始在證券交易所買賣後，剛開始非常受歡迎。由於受到人們矚目，就有越多人想著：「我也來買一張看看。」，這麼一來，股價就會上漲，股價一上漲，就會有更多人想要買。由於這樣的良性循環，使得東印度公司的股份募集到許多投資資金。其中想必也受荷蘭人喜歡買賣、喜歡會計的個性，很大的影響。

股市熱絡，投資客開始找標的炒作

靠投資股票獲利的人，就會尋找下一個能賺錢的投資標的。在阿姆斯特丹有各種市場，買賣著各式各樣的商品。其中，有件令人意外的商品大獲好評，那就是眾人皆知的鬱金香。

在荷蘭，人們開始以高價販售鬱金香的球根，形成了世界上首次的泡沫經濟。這個鬱金香泡沫，真的是非常諷刺的現象。畢竟鬱金香這種花，本來應該是跟泡沫經濟沒有緣分才對。

原本鬱金香是體現了新教徒簡約樸素精神的花，相較之下，代表天主教的花則是玫瑰或百合，這兩種花都非常的鮮豔華麗。目標是成為西班牙宮廷畫家的葛雷柯所繪製的畫中，也在右下角出現了玫瑰與百合（請參照第二章），但新教徒卻不喜歡這些東西。

他們更喜歡嬌弱可愛、令人憐惜的花朵，也就是鬱金香。新教徒總是努力工作，住在狹窄的住宅裡，院子裡種植著可愛的鬱金香，這才是最脫俗的生活方式。然而，這樣可愛的鬱金香，卻引發了世界上第一場泡沫，真是諷刺啊。

這場泡沫經濟，是由一位從法國來的教授——卡羅盧斯・克盧修斯（Carolus Clusius），成功改良鬱金香品種所引發的。

於是就有人說：「這種花實在太罕見了，我非要不可！」並**拿出可以買下一間房子的錢，只為了買區區一個鬱金香球根**。這麼一來，人們想要的就不只是鬱金香球根了，他們想要的是錢啊！要是能賺錢的話，不管是股票也好、球根也罷，什麼都無所謂。鬱金香就這樣變成了一種金融商品。然而，一旦價格上漲到不能再高之後，就只能往下掉了。而在歷史上留下一筆的泡沫經濟，就這麼輕易的結束了。

以上就是鬱金香的泡沫經濟。

在原本將辛勤工作視為美德，生活簡約樸質的新教徒國家裡，代表了這種精神的嬌弱花朵，卻造就了歷史上第一次泡沫經濟，真是不可思議。而鬱金香泡沫經濟的破裂，卻不能單以「花謝了」來歸結其中的理由。

金融商品價格崩盤時，其他資產的價格會全數下滑

在歷史上，只要某些商品的價格，出現了泡沫性的飆漲時，價格的上揚也會波及到其他商品。換句話說，多項資產的價格會開始同時上漲。

在鬱金香泡沫的時候，東印度公司的股票和其他商品的價格也都上漲了。

圖 11：史上第一個「泡沫」：炒作鬱金香。

這沒有問題，有問題的是當泡沫破裂、價格下跌時，所有的資產價格也會同時跟著下滑。日本泡沫經濟的時候也是如此。一九八〇年代泡沫經濟時，隨著股價上漲，建築大樓與土地價格都跟著上漲，高爾夫球的入會費也跟著上揚。到了一九九〇年代泡沫崩壞後，所有東西的價格也都跟著下滑。

在歷史上，不斷重複發生這樣的泡沫景氣和破裂。以今天來說的話，大家就要多注

意比特幣等的交易。

除此之外還有一個。為了要撼動經濟，就必須有兩樣東西：能夠動搖物品的「實體」，以及能支撐實體的「金融」。以當時的荷蘭來說，造船、海運、貿易是實體，資金關係則是金融。荷蘭在實體經濟上大獲成功，在金融層面也達成了革新、發明了股份公司和證券交易所。但是在金融層面卻因為太過度而失控，這就是泡沫經濟的產生與破裂。金融層面實在還是不能太過頭，必須維持在水面下，當一個無名英雄，支撐實體經濟才是恰到好處。

東印度公司的三個失敗，促進其後的會計發展

世界上最初的股份公司——東印度公司，毫無疑問的是誕生於荷蘭的偉大挑戰。這家初次登場於十七世紀初的公司，經營狀況逐漸惡化，最後甚至倒閉了。但這間公司絕非如泡影般消逝。

我們可以說，正因為這間公司失敗了，才會有後續的會計發展。試著檢視東印度公司無法順利經營的理由，就可以看出其後會計制度的發展，彷彿

是在反省它的失敗一樣。

接下來，我們來談談東印度公司的「三個失敗」吧。

首先，是航海中的船員們，幹起了竊盜的行為。在航海時，他們偷了堆放在船上的辛香料。根據當時的紀錄，似乎是「比起白天的交易，晚上的交易更為活躍」。就算辛香料體積再怎麼小、再怎麼好偷，這實在是很要不得的行為。聽說儘管被船長發現了，船長也只會說：「你們在幹嘛啊！怎麼沒有叫我一起呢！」完全無法擔任監督的角色。

以今天的說法而言，就是缺少了公司治理。在經營過程中，股東無法一一監視每個環節，所以需要一套不會出錯和舞弊的體系，這就是公司治理。

在中世紀的義大利，神就擔任了監督治理的角色。只要做了壞事，就會被神看見，會遭到處罰。因此商人都很小心、盡量不犯錯。但是時代從以神為中心轉變為以人為中心後，神的治理就不再管用了。這麼一來，經營者就必須自己建立一套治理的體系。

荷蘭的東印度公司缺少一套這樣的體系，因此導致股東們的不信任。在失敗之後，**人們了解除了要建立一套「會計體系」讓股東安心出資之外，還**

需要一套「不會發生錯誤和舞弊的體系」。

接下來是第二個失敗，那就是荷蘭人對辛香料過度執著。不出所料，荷蘭人也非常喜歡辛香料，東印度公司也利用船隻，運載了許多的辛香料。這門生意起初非常賺錢，但在與其他國家競爭時，利潤逐漸降低，最後甚至賺不了錢。無論在什麼時代，只要出現了利潤高的商品，就一定會有其他競爭對手投入，接著便會出現破壞價格、跌價的現象。儘管如此，荷蘭人仍然執著於辛香料，這就是「誤判了熱銷商品」。

以今天來說，就好比電視機。過去家電廠商只要製作電視機，就一定會賺錢，但現在卻完全沒什麼賺頭，有許多公司開始撤出、不再製造電視機了。但當時的荷蘭，卻錯失了退出辛香料買賣的時機。

不知不覺中，茶葉、絲織品等其他商品成了新的暢銷商品，而英國搶先獲得了商機。對此，我們可不能認為事不關己，我們在做生意時，一定要注意，千萬不要對賺不到錢的生意太過執著。

為了不再重蹈這樣的覆轍，並分辨出暢銷商品，**在會計上開始發展出部門資訊（segment information）。這是把數字依據商品類別、地區別、據點**

別來區分，確認銷售額與利潤的方法。

最後第三點是東印度公司似乎太過於討好股東們，配息配得太大方了。他們沒有留存任何收益。當時的配息沒有什麼固定的做法，完全是看經營者當下的心情發放股利。

但是在經營企業時，必須為不時之需預做準備，這就是保留盈餘。那麼究竟應該要對股東發放多少股利，又該留下多少當作保留盈餘？**在東印度公司之後，整理出了一套「應該怎麼做」的學問，那就是公司理財（corporate finance）。**

這樣看下來，我們會發現過去幾百年的會計歷史，彷彿就是在反省東印度公司的失敗，而發展出來的。為了防範內部竊盜，發展出監察的機能，學會如何辨別暢銷商品，對於外部流出要更為慎重。這就是公司治理、部門資訊、公司理財。

果敢的挑戰後雖然以失敗告終，但是絕沒有白費。

只要有人失敗了，就可以知道那裡有「漏洞」。人們會知道，如果這樣做不好，只要換個方式改善，就能順利運作。如果什麼都不做的話，雖然不會失敗，但也不會找到改善的方法。以這點來說，西班牙那種杜撰的會計所產生的財政危機，便是消極負面的失敗。但是我們可以說，荷蘭東印度公司的失敗，是積極正面的失敗。另外還有一點，如果要說荷蘭積極正面的失敗，遺留給後世什麼教訓的話，那就是「金融不可以太出頭」吧。

從為了自己記帳，到為了股東記帳

說到這裡，差不多也該為荷蘭篇做總結了。

荷蘭是由以簡約樸質為宗旨的基督新教徒建立的國家，所以他們的食物也不怎麼美味。我也是親身造訪了之後，才了解到這一點，真的幾乎找不到什麼好吃的食物。不過這或許是我的偏見，要向各位荷蘭人說聲抱歉。但是毫無疑問的，起司是真的很好吃，這一點我可以保證。但起司以外的東西，還是比利時的食物比較好吃。此外，荷蘭的教會和教堂非常樸素，拍起來不美、無法放上 Instagram。在這一點上，還是比利時的天主教教堂，拍起來比較豪華，非常上相。

但是這樣的荷蘭，卻出現了在會計歷史上閃閃發光的輝煌發明，那就是股份公司與證券交易所。透過這兩項發明，出現了「所有權與經營權分離」的概念。這在資本主義的歷史上，是非常重要的轉捩點。

如果是小規模的買賣，商人會用自己的錢作為資本做生意。這樣的話，就是理所當然的「所有權人即經營者」。但這樣的理所當然，到了股份公司就發生了變化。

在股份公司裡，股東是公司的擁有者，而經營者是受僱來工作的人。為了建立不用返還資金的金錢調度方式，就產生了「股東是所有權人」這個表面上的原則。這麼一來，經營者就必須為了股東而工作。

而且經營者必須詳細記錄、計算自己工作的結果，並向股東說明。這個說明（account for）就是會計的出發點。會計在英文中是「accounting」，這個字就是源自「account for」。身為股份公司，必須詳細記載公司活動的紀錄，加以計算並統整起來，向股東說明。

換句話說，義大利的商人們是「為了自己」而記帳的；但荷蘭的股份公司，是經營者為了股東這些「外人」而記帳、並製作財務報表。

除此之外，還有另一個重大的變化，就是隨著荷蘭這個新教徒國家的誕生，也出現了不同於以往的勞動觀念。這是肉眼看不見的價值觀變化，所以或許會有點難懂。

新教徒非常喜歡工作。在荷蘭境內有很多喀爾文教派信眾，抱持著「勞動是美德」的價值觀。在天主教裡不存在這個觀念。對於認為「勞動是苦差事」的天主教各國來說，新登場的新教徒認為「勞動是良善的」，而這也是勞動觀念上很大的分歧點。

想當然耳，喜歡勤奮工作、賺大錢的新教徒，在企業經營上獲得成功，經濟上也出現好景氣。這樣的血統從荷蘭開始，傳到了英國、再傳到了美國。而且「工作賺錢是美德」的觀念，也不斷的擴張。

這些新教徒教派的國家都屬於經濟大國，並在其後的歷史中展現強烈的存在感，所以國內生產毛額（GDP）和經濟成長率也很高，不過食物卻很難吃。除此之外，人們常常加班、過度工作而搞壞了身體、夫妻感情不睦，所以「工作方式改革」蔚為話題。

相較之下，認為勞動是苦差事的天主教各國，例如義大利、西班牙、法國等，經濟指標就差強人意，不過工作方式的改革卻不會引起話題，因為他們本來就不太工作啊。但是他們喜歡充實自己的私生活，食物也很美味。

我大致上列舉出了兩者之間的差異。這麼看來，我們現代人之中，雖然有些人沒有宗教信仰，但似乎無意間已經走在新教徒的道路上。不知不覺中，我們都成了隱性新教徒了！

我認為其中的理由是，因為我們在尋求企業經營和經濟運作的範本時，會參考美國和英國的狀況。但這只是我的一己之見，不知道各位覺得如何？

像這樣，我們能夠得知自己「潛意識中深信的概念」的來源和理由，這不僅是學習歷史的優點，也是樂趣。

最後是今天的教訓：「工作是一種美德，賺錢是一件好事。」這種精神的確相當重要，但是人生不僅於此。我們也必須重視享受美酒與美食的天主教精神。因此，今晚也請大家快樂的喝點酒，要是能再配起司下酒，就再好不過了。我們下回再見！

第4章 公開財報、資訊揭露，竟把國王送上斷頭臺（法國）

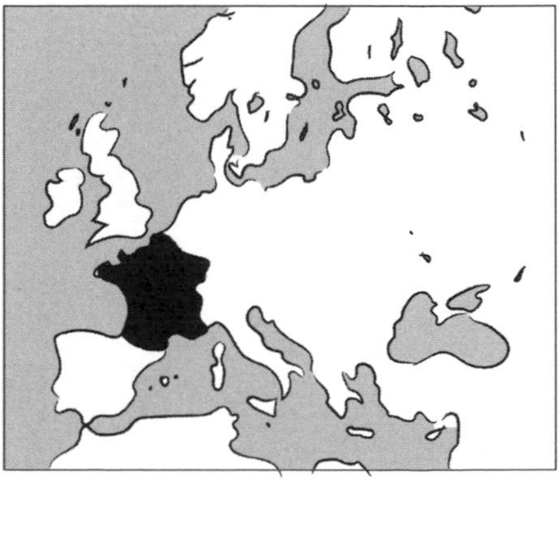

1 王公貴族不用工作，對平民卻課重稅

接下來，讓我們從法國談起吧，藝術之都法國。

我最近在辦講座和寫稿時，有時候會觸及到繪畫的話題，也因此有很多機會，有幸能和藝術界的相關人士交流。我甚至還出了一本和東京畫廊負責人山本豐津先生的對談書，簡直像做夢一樣！其實我學生時代的美術成績，以五分制來算，總是只拿到「二」而已，總而言之就是劣等生。

小學時期，美術課不是我擅長的科目。當我告訴山本先生這件事時，他回答我：「這不是田中先生的問題喔，是日本的美術教育太奇怪了。」似乎是指美術課都太偏向「教授實際技巧」了。

的確，在我小學的時候，根本不想參加戶外寫生，畫一些我一點都不覺得有趣的風景，當時真的覺得好痛苦。這樣就算了，還要聽老師批評我們的

作品，當時還是小朋友的我都會覺得：「我真的沒有才能。」

山本先生認為，這樣的教學方式是有問題的，所以這樣的教育沒辦法培養民眾藝術評鑑的眼光。在動手畫畫之前，應該要讓學生從小就開始鑑賞名畫，重要的是讓他們有機會深受感動：「哇！真厲害、真漂亮。」在動手前，要先培養眼光才行。我聽到這席話時，不僅拍著膝蓋說：「原來如此！」同時也心想：「會計也是同一個道理！」

會計和美術相同，要先學會「讀」

沒錯，對於會計的初學者來說，道理也相同。很多初學者從簿記的實際技巧開始學習，立刻就會遭遇挫折。把簿記當成敲門磚的初學者，大都會覺得：「這一點也不有趣。」會計和美術相同，首先要學會「讀」才行，這樣會比較好。以繪畫來說，就是體驗欣賞的樂趣；以會計來說，則是學習讀的樂趣。體驗了這些事之後，想要更深入的人，再學習實際技巧就好了。

實際上，法國過去也企圖按照從「欣賞」到「創作（繪製）」的順序，來建立流程、培育藝術家。

先前我們曾經提到，法國國王法蘭索瓦一世邀請晚年的達文西到法國，不知道大家還記得嗎？以此為契機，〈蒙娜麗莎〉就歸法國所擁有。由這件事可知，法國非常憧憬義大利的繪畫。

看著義大利的繪畫，感嘆：「真美啊！」這樣的人可不只有法蘭索瓦一世而已。法國的王公貴族們，全都很嚮往義大利的繪畫。

他們無法僅止於鑑賞，都爭相想要購買義大利的繪畫。這麼一來，金錢就會從法國流向義大利。以當時重商主義的思維來看，金銀的量決定了一個國家的富裕程度，因此向義大利購買繪畫，會導致金銀外流，這實在對國家不利。也因為這樣的背景，法國便下定決心：「我們要從進口繪畫的國家，努力變成出口國！」

法國打定主意，要建立教育系統、培養藝術家，這也就是在十七世紀中期、於法國設立的法國皇家繪畫雕刻學院。這所學院設立的背景，除了在藝術層面上有「一定要超越義大利」的不服輸精神之外，經濟上還企圖設法靠進出口增加金銀。我之所以會這麼說，是因為法國設立皇家學院時，國家財政已經相當惡化了。

女性喝這種酒，就算醉了，還能更美麗

除了義大利的豪華者羅倫佐之外，這個時代的法國國王、太陽王路易十四（Louis XIV）同樣非常大手筆贊助，誇張到甚至讓人忍不住想問：「陛下，您是瘋了嗎？」

這對藝術家來說，雖然值得慶幸，但國家金庫卻逐漸坐吃山空。要培養藝術家還要存錢——想要解決這兩件自相矛盾的事，法國的皇家學院就是絕佳的點子。因為此舉不但能廣泛提供機會，讓年輕、有才能的人學習，同時也能藉由出口繪畫來滋潤經濟。

當時的雕刻家與畫家，都還只是「工匠」罷了，稱不上是藝術家，社會地位不高。達文西也是如此，他年輕時就去當學徒學習。但這麼一來，教育程度就會受因師傅個人的特質與教學方法而不同。

為了要改變這樣老舊的師徒制，法國因此挺身而出，著手改革教育制

度……到這裡為止，還算是令人佩服的創新想法，但接下來就出問題了。

由於這個學院是「皇家」設立的，因此學院會忠實且完全反映出王公貴族、神職者的喜好。他們完全無視學生的喜好與自主性，以一種上對下的態度命令：「就給我這樣畫！」儘管有些學生順從的遵從這樣的權威，當然也有一些學生不服從。其中以不服從而出名的就是「印象派」了。總之，法國皇家學院的繪畫教育，是遵循王公貴族喜好的保守方向。

代表這個學院的畫家有法蘭索瓦・布雪（François Boucher）。

布雪不斷繪製王公貴族喜好的繪畫，成為路易十五的宮廷畫師，甚至受到路易十五的情婦龐巴度夫人喜愛。左頁圖12這幅畫作〈龐巴度夫人〉（*Madame de Pompadour*），就是布雪為她繪製的。

王公貴族喜歡的洛可可繪畫，帶有一種粉嫩柔軟、如少女漫畫一般的氣息。洛可可繪畫也有許多的愛好者。在觀賞的時候，彷彿能夠讓人忘卻煩惱。不僅是貴族，全世界各地都有許多人喜歡。

正如這幅畫給人的感受，龐巴度夫人過著相當優雅的生活。

龐巴度夫人愛好香檳，每年都從香檳地區的城市漢斯（Reims）購買：「把

圖 12：布雪，〈龐巴度夫人〉（1756 年）。

好喝的香檳都送過來！」而克勞德．莫特（Claude Moët，酩悅香檳創立者）就遵照命令：「好的，給您送過來了！」其後就如同大家所知，酩悅香檳成了知名的品牌。

龐巴度夫人還留下了一句名言：「香檳是唯一能讓女人喝了變美的飲料。」說得真好啊，這標語的品味真是太棒了。廣告代理商、媒體相關產業的人可要多學學。

有許多畫作模仿這幅龐巴度夫人肖像畫，在全法國各處流傳。很多人一定是把這幅畫的仿製品掛在房間裡吧。年輕男性在牆上貼女性偶像海報的習慣，就是從這裡開始的。所以龐巴度夫人可以說是AKB和乃木坂這類少女偶像團體的先鋒、「偶像始祖」呢。隨之而來的，她的髮型也被命名為「龐巴度」，在女性間大受歡迎，所以不管是在男性還是女性之間，龐巴度夫人都是受歡迎的偶像。

不過，要問這位夫人是否真的那麼受歡迎，那可就不一定了。雖然部分的年輕人很嚮往，卻有另一些人看不過去：「優雅的喝著香檳，日子過得還真快活啊！」

貴族以不工作而自豪，平民卻得把八成收入拿去繳稅

在龐巴度夫人與路易十五世的時代，繼承自上一代的負債越來越龐大，結果只能增稅、再增稅。龐巴度夫人買香檳的錢，都是用市民繳納的稅收支付的。

當時法國的王公貴族，以及教會相關人士等特權階級，與其他一般市民的人口比例，相當令人吃驚。特權階級在總人口中所占的比例，一直不超過三％，而剩下的一般市民則占了壓倒性多數。極少數人口的奢侈浪費，就由大多數的一般市民來承擔。

問題是，占壓倒性多數的市民，被徵收了多少稅金？這裡就當作益智問題來考考大家，以下有三個選項，請問大家覺得，當時法國人民負擔的稅率是多少％？

①　50％。

② 65%。

③ 80%。

正確答案是「八〇%」。也就是說，老百姓實際的收入，只有賺取來的二〇%而已。當時的稅率依據時間而不同，但幾乎都會被取走八〇%，甚至有些年份還會高達九〇%。

當然，這些稅金會用於建設市鎮，也會用在維持法國和平的戰爭上，但是平民老百姓也知道，自己繳納的稅金被特權階級拿來奢侈浪費。他們想必是一邊看著龐巴度夫人的海報，一邊憤怒的想著：「都是因為這些人亂花錢……。」生活困苦的人民，他們心中一定也有許多不滿：「喝什麼香檳嘛！還不如把錢給我們買麵包！」

為什麼會有這麼過分的事情？其中解讀的關鍵在於「炫耀」。不管生活在哪個年代，人類都想要炫耀。看看社群媒體就知道了，大家不都是在上面寫各式各樣的事情，想要別人幫自己「按讚」嗎？不過，拿什麼事出來炫耀，就會因時代與地點而異。對當時的王公貴族來說，最值得炫耀的事，就是「不工作」。

我認為，恐怕其根源就是天主教「工作是苦差事」的認知。總而言之，他們完全不工作。不工作就算了，還生活得極其奢侈。這麼一來，一般平民百姓會憤怒，也是理所當然。

對了，先不談是好是壞，我覺得這種炫耀自己不工作的人們，到了二十一世紀後又重新登場了，那就是最近蔚為話題的「FIRE運動」。

各位聽過FIRE運動嗎？這是「Financial Independence, Retire Early」（財務獨立、提早退休）的簡稱，意味著財務自由。其中蘊含的生活態度是趁著在工作時投資股票，增加股利配息等被動收入，讓自己即使不用疲於奔命勞動也能過活。這麼一來就能提早退休，自由的生活。大家不覺得，這種思維很像法國貴族嗎？就是炫耀不必工作的優點。歷史果然是一直不斷重複上演。

前面我們介紹了被稱為太陽王的路易十四，在一六四八年設立了皇家學院以培育藝術家。

此後一百五十年間，法國的國王有路易十四世、十五世（Louis XV）、十六世（Louis XVI）等三代。直到一七九三年，路易十六被送上斷頭臺處決，結束了年僅三十八歲的生命，這就是大家熟知的法國大革命。

不重蹈西班牙覆轍，國王找來財務大臣

對法國來說，這一百五十年是驚濤駭浪的時代，而且正好與法國財政惡化的時期重疊。建立豪華宮殿、戰爭、擴張海外殖民地，揮金如土的結果造成財庫窘迫，為了要彌補漏洞，向國民課以重稅又招致憤怒。這樣的怒火以革命的形式爆發。在這個時代，沒有一套官方的會計體系來管理國家財政，所以國王與政治家等率領國家的領導階層，必須自己思索、建立一套體系。但這實在不是一件容易的事，畢竟西班牙的衰退已經證明了這件事。

「No more 西班牙」，絕對不能再步上西班牙的後塵了。

法國國王與領導者們，似乎都理解這一點。路易十四、路易十五、路易十六這三代法國國王，都摸索著重建法國財政之路。但幾乎沒有人敢碰，被視為至關重要的「王公貴族鋪張浪費」這一塊，這可是既得利益者的神聖領

域。在這三位國王之中，路易十六出人意表的，對王公貴族的免稅特權開了刀，但最後仍以失敗告終。

這三代國王都與財務的左右手、財務管理人攜手，企圖重建國家財政。以這一點而言，比起沒有財務管理人的西班牙，可說是一大進步。

但是這三位國王找來的財務管理人，是三個完全不同類型的人，分別是「精打細算男、說大話男、矯枉過正男」，這些是我自己取的暱稱，還請各位不要介意。

這些國王自己站出來，在政治、外交、藝術方面掌舵，在金錢方面則仰賴他們的協助。接下來，就讓我們按照順序，來看看這些國王與財務管理人的雙人組合，發生了什麼故事。

2 三波錯誤的稅制改革，掀起法國大革命

首先，我們從路易十四開始談起。路易十四是菲利普二世的外曾孫，不知道他是不是曾在心中發誓：「我絕對不要重蹈祖先的覆轍。」他在年輕時就很明確的意識到財務管理人的重要，因此便選擇尚—巴蒂斯特．柯爾貝（Jean-Baptiste Colbert），擔任財務方面的左右手和會計導師。

柯爾貝出身於以香檳著稱的香檳地區漢斯市。他和替龐巴度夫人送香檳的莫特來自同一個地方。不過與他不同，柯爾貝沒有生產香檳，他從事的是金融工作。他在年輕時學習了買賣、金融與會計，當然也學會了義大利的簿記法。他憑藉著這些知識，坐上了法國財務總監之位，進行了多項改革。

第一波，徵稅承包人制度

順帶一提，年輕的路易十四也曾向柯爾貝學習簿記法，據說他剛開始覺得：「真的很有趣！」但漸漸便覺得膩了。

柯爾貝其中一項改革，就是改革稅制。他整頓了過去過於複雜的法國稅制，同時也著手修改了稅金的徵收制度，開始委託民間徵收稅金。要直接從國民手中徵收稅金，不但手續麻煩、也很花時間，因此他便建立了徵稅承包人制度、委託民間處理。

這個徵稅承包人制度，簡單來說就是將徵收稅金的權利，賣給民間有意願的人，也可以說是稅務署的加盟連鎖化吧。

儘管這個制度對國家來說很方便，卻有不少問題。首先，這些徵稅人過於囂張跋扈、大耍威風，到處出現過於嚴酷的徵稅行為。再者，在民間收稅的人，沒有直接把稅金上繳國家，而是由中間好幾層政府官員中飽私囊。就因為有這樣的狀況，這個制度也招致人民的不滿與批評。

對了，巴黎有一間國立的畢卡索美術館，我在幾年前曾造訪，那棟建築物的名稱是「鹽宅」。

我很好奇為什麼會取這個名稱，一查之下，才發現那是當時鹽稅承包人所建的宅邸。因為是鹽稅承包人建的房子，所以稱為鹽宅，這怎麼看都是在說人壞話吧——那個傢伙因為徵鹽稅而致富，還建了一棟這麼豪華的房子。由於鹽稅稅率最高，在各種稅金裡面，尤其惹得人人討厭，有時候甚至還會被課以鹽價的十倍金額。用這樣的錢來建鹽宅，可想而知會被眾人在背後批評。

畢卡索的子孫們，也蒙受法國稅金之苦。在畢卡索死後，繼承了他畫作的子孫們被課了高額的遺產稅，其金額完全是天價，子孫們只能站出來說：「饒了我們吧。」因此法國修正稅制，並承認徵收畫作來代替稅金。當時國家徵收的繪畫，就收藏在這棟鹽宅。這麼看來，畢卡索還真是和稅金有緣。

建立了徵稅承包人制度的「精打細算男」柯爾貝，意在消除財政赤字，同時也將眼光望向海外。他在美洲的法屬路易斯安那設立國有公司，並著手開發這片土地。在那個時代，密西西比河甚至被稱為柯爾貝河。然而實際上，這間在路易斯安那的公司，對於法國來說可是很大的火種，到了下一代路易十五時，便熊熊的燃燒了起來。

在路易十四即將過世之際，留下了這樣的遺言：「絕不能像我這樣，請務必減輕臣子們的負擔。」但這樣的遺願卻無法實現。

第二波，國債、股票

接下來是路易十五。這位與龐巴度夫人一起享受香檳綿密泡沫的國王，也被牽扯進歷史上留名的泡沫經濟事件。

這場泡沫經濟的破裂，不只發生在法國，甚至也波及了英國，在歐洲引發了大騷動。因為這個狀況，大家認為「股份公司危險了」，好不容易誕生於荷蘭的股份公司與證券交易所制度，也因此拖慢了普及的腳步。

人們遇到危機和痛苦時，總是不自覺的相信甜言蜜語，而路易十五落入的陷阱，則是以吹牛皮說大話而聞名的約翰．羅（John Law）。

約翰．羅出生於蘇格蘭，非常喜歡賭博，還因為女性感情的問題犯下殺人罪，其後又逃獄、潛逃到了阿姆斯特丹，在當地一邊學習金融與經濟，一邊企圖東山再起。他一步步踏入政治界，在巴黎的賭場認識了奧爾良公爵，這也是他後來得以親近法國國王的契機。

當時路易十五苦於嚴重的財政赤字，約翰．羅便對他誇下海口：「讓我來解決國家的赤字！」而他異想天開的計畫，就是用股份公司來解決國家的債務問題。

他首先以北美洲路易斯安那的密西西比開發為擔保、發行了紙幣，並就任發行紙幣的中央銀行「皇家銀行」首任總裁。這些紙幣不以金銀為擔保品，而是以土地開發為擔保的紙幣，光從這點來看就很不尋常了。之後他又集中海外的貿易特權，設立了「密西西比公司」，讓國債能夠轉換成這家公司的股票。

這個紙幣、國債、股票的嶄新方案，儘管讓眾人摸不著頭緒，卻引發了人民爭相轉換股票的現象。約翰．羅不斷鼓吹民眾投資密西西比公司，讓這個公司的股票不只在法國，就連在其他歐洲各地，都掀起了一陣狂熱的旋風。但這個沒有實體的密西西比公司，股票很快就泡沫化，股價迅速下跌，也讓整個歐洲都狂熱的夢幻泡沫破滅。原本已出人頭地、擔任法國財務總監的約翰．羅，在被解除職務後，便拿著偽造的護照逃到國外，而法國想要解除財政赤字的夢想也隨之破滅。

在約翰．羅離開之後，法國再次加強了委託徵稅的制度。人民信任國家而投入的投資全沒了，甚至還嚐到被徵稅委託人折磨、徵收稅金的苦楚。相信從這個時候開始，法國大革命就已經在倒數了。

法國在夢碎之後，由名為艾提恩．德．西魯耶特（Étienne de Silhouette）的人物就任財務總監。在他就任的幾年裡，法國甚至討論要收取空氣稅，實在令人驚訝。當時認為這股空氣是法國的所有物，既然要吸空氣，當然要向國家繳稅了。法國如此認真的考慮這個稅收來源，可見當時的國家財政有多窘迫了。

最終當然沒有實行這種稅，西魯耶特因此被批評「不僅小氣而且愚蠢」，讓他非常沮喪。消沉的他當時最喜歡的，就是便宜的嗜好「剪影紙藝」，後來這種藝術也因此以他的名字命名，被稱為「silhouette」。各位下次看到了這種剪影繪畫紙藝，可要想起法國當年的財政困難啊。

最後，讓我們來看看悲劇主角路易十六，這位國王在革命的混亂中結束了短暫的生涯。

第三波最狠，直接公開國家的財報

一般都說明這場民主革命的開端，是人民攻占巴士底監獄。但實際上，在攻占巴士底監獄的三天前，路易十六解僱了當時的財務總監，或許正是此舉點燃了人民的怒火。這位財務總監的名字是賈克・尼克（Jacques Necker）。

這位路易十六的國庫總館尼克是瑞士的銀行家，也是喜好做生意的基督新教徒。心高氣傲的法國人特地僱用外國人，而且還是新教徒，實在是個特例。這也能證明當時的財政赤字有多嚴重了。會僱用瑞士的銀行家，相信他們不只期待他的知識，也對瑞士銀行家的門路與人脈抱持不少期待。這個階段的法國，其實很難找到新的融資了。

當然，讓這個「從瑞士找來的新教徒銀行家」負責法國的財政，有不少人感到不悅，因此改革也無法如尼克預期的順利進行。

無法順利推行財務改革，再加上處處受阻礙，使得**尼克使出了前所未見的手段——就是「公開國家的財務報表」**。

這對我們來說，實在很難理解。大家應該會想：「為什麼公開財務報表會是問題？」因為我們都生活在，認為公開資訊理所當然的年代裡。當時卻不是這樣，國家不會公開什麼財務報表，尤其是王公貴族間有著很強的祕密主義風氣，儘管表面上看起來光鮮亮麗，但背後卻有不願示人的氛圍。「背後的辛苦不願為人所知」的心態雖然了不起，但是國家的財政狀態卻會直接連結到人民的稅收。

國家之所以不願意公開財務報表，與其說不願讓人民知道自己的辛酸，倒不如說是抱持著「不想讓人民知道」的罪惡感。

但尼克卻下定決心向人民公開一切，而看到財務報表的人民，才終於透過數字，了解貴族的奢侈浪費。看到了這些數字之後，原本漠然的情緒變得具體，這股衝擊十分龐大：「搞什麼鬼！」因此引發了非常大的騷動。

這份財政報告書公開於一七八一年，公開的數字其後引發很大的爭論。例如批評貴族奢侈浪費、懷疑公開的數字、厭惡尼克公開資訊的行為……。在眾多的聲浪中，擁護尼克派與反對尼克派開始產生對立。

在革命前一刻的市民集會上，出現了尼克的身影時，人民之間掀起了一陣熱烈歡迎的掌聲。但這樣受民眾愛戴的尼克卻遭到革職，三天之後巴士底監獄就遭到襲擊。之後，路易十六和王妃被送上斷頭臺斬首，同時也有幾名徵稅委託人被砍頭。

悲慘世界後，法國人開始吃馬鈴薯

在歐洲，國王被比喻為麵包店老闆，王妃則被比喻為麵包店的老闆娘，其中包含了國王要餵飽國民的意思。

然而實際上，有許多法國國民根本吃不飽。知名的戲劇《悲慘世界》（*Les Misérables*）中的尚萬強（Jean Valjean），就是因為偷麵包而被捕。作者雨果（Victor Hugo）順應當時的時代背景，設定了這樣的開場。

法國明明是農業國，可是人民卻吃不飽，這讓法國人在革命前一刻捨棄了自尊，將手伸向了某種新食物。各位認為這種食物是什麼？答案就是「馬鈴薯」。

美食之都法國的人民，在此之前幾乎不吃馬鈴薯。

圖 13：法國人其實原本不太愛吃馬鈴薯。

馬鈴薯原本產於南美，在路易十四的外曾祖父菲利普二世的時代，被引進了歐洲。和鮮紅的蕃茄一樣，一開始人們不喜歡馬鈴薯，當時的歐洲人不習慣食用生長在地下的作物。但馬鈴薯在貧瘠的土地裡、寒冷的氣候中都能生長，被視為「窮人的麵包」，很快就在北邊的愛爾蘭等地，尤其是窮人之間擴散開來。然而，法國人卻一直對馬鈴薯視而不見。

這些自恃為美食家的法國人，相當瞧不起馬鈴薯「那種東西」。但當生活逐漸變得艱困，讓他們再也無法堅持這樣的看法，因此政府便開始推廣馬鈴薯。

為此，有個名為安托萬・帕門蒂埃（Antoine-Augustin Parmentier）的人物策畫了「馬鈴薯行銷」。首先他讓路易十六的王妃瑪麗・安東妮（Marie Antoinette），在頭髮別上搭配了馬鈴薯花的髮飾。接著他又在馬鈴薯田安排了守衛，還刻意在晚上召回這些守護人。這麼一來，就會有人看準時機，進入馬鈴薯田裡盜採。

他先利用知名人士的名聲，讓王妃穿戴在身上，以提升馬鈴薯的印象，接著再設計讓人進入馬鈴薯田盜採——實在是很高明的戰術。這就跟請藝人代言來推廣是一樣的。法國人就因為這樣的作戰，逐漸開始食用馬鈴薯了。

從這個作戰，我們可以明白，「只要是藏起來的東西，就會想去偷」，這種心理人人都有。而且把偷採的馬鈴薯拿來吃的人，如果覺得：「真是太好吃了！」還會讓人不禁聯想：「啊，難怪他們要藏起來！」這麼一來，就讓人更想吃了。

與偷採馬鈴薯的心理相同，前面提到的公開國家財政報告也是如此。越是隱瞞人民，人民就越想知道。最終被一位外國人尼克公開，讓人民覺得：「哇！原來裡面的內容是這樣，我們還想知道更多！」

當時的法國不只引發了大騷動，甚至演變成革命，可見對人民公開國家的財政報告，衝擊有多麼大。實際上，我認為這個公開財報事件，一定會在會計歷史記上一筆，這也正是會計中資訊揭露的起點。

吃不飽的艱苦生活，讓人民最終挺身而出，推翻君主專制。

但他們似乎沒有描繪「今後」的藍圖。在這之後，法國遭逢內憂外患，狀況極為慘澹。新政府甚至由羅伯斯庇爾（Maximilien Robespierre）領導，施行恐怖政治，完全離自由天差地遠。而其他的鄰近諸國，害怕這股處決國王的悲慘風潮會流行起來，因此希望擊倒法國。

而**將法國從悲慘危機中拯救出來的，便是拿破崙。**

3 拿破崙的「師」，事業部制的起源

拿破崙當時藉由徵兵制，從國民中徵召士兵，編為法國國民軍。在這之前，軍隊都是由專業的傭兵組成。但僱用傭兵需要錢，拿破崙因此以召集人民、組成軍隊的方式設法降低成本。接著他又採取「分散擊破」的方法編制師團。法國同時與周邊各國戰爭，必須各自在不同的地區分開戰鬥，因此需

要有一個能夠自律作戰的體制。各個師團都有各自的軍隊、彈藥與糧食等必備的機能，因此能獨立作戰。

師的法文與英文都是「division」，而**將這種分開作戰的法國部隊引進企業經營當中，就是事業部制（division）了。**因此我們今天稱為事業部制的組織型態，其實是來自拿破崙指揮的法國軍隊。

當年的梅迪奇銀行也是如此，組織在運作時，個體與整體之間必須取得平衡。部隊、事業部就是能夠各自自律行動，並同時取得整體協調的體系。

對了，各位聽過「avant garde」這個詞嗎？這個字是「前衛」的意思。在繪畫和服裝的世界裡，提到前衛這個詞的話，通常意指新潮、華麗、突出的作品。而這個「avant garde」，原本是法國軍隊裡，站在先鋒、衝刺的前衛部隊的名稱。

先鋒的前衛部隊總會最先進入城鎮，因此也是最引人注目的。當人們等候著「守護我們的軍隊要來啦」，結果看到了穿著寒酸樸素的軍隊，一定會大失所望。所以打頭陣的前衛部隊，總是穿著鮮豔而華美的服裝，手拿長矛，如跳舞般氣宇軒昂的登場。說得簡單一點，就是如同迪士尼樂園遊行中，最先登場的米奇與米妮一樣。前衛部隊儘管有偵察敵情、先制攻擊等重要的任務，但不光是如此，獲得當地居民的認同與歡聲，也是他們非常重要的工作之一。而這個稱呼前衛部隊的用詞，後來被用在藝術界。法國軍隊的先鋒部隊，就宛如迪士尼樂園中的米奇。

話說回來，藉由軍隊編制，而將各國個別擊破的軍人拿破崙終於出人頭地，最終不只是軍隊，他也進入了政治與外交領域，其後甚至登上皇帝的寶座。不過稍微思考一下，各位不覺得有點奇怪嗎？法國人民既然那麼厭惡權力集中，為什麼又會認可拿破崙成為皇帝？

法國文化也因資訊公開而沸騰

在法國大革命後，拿破崙在戰爭中攻進義大利、西班牙和荷蘭，並將這些國家的名畫與藝術品，全都打包帶回巴黎。值得注意的是，拿破崙開始把這些藝術品「開放給民眾參觀」。

這對人民而言是非常驚奇的事。對今天的我們來說，每個人只要去美術

圖 14：法國首次開放民眾參觀名畫，就在羅浮宮。

館，就能看到名畫，這是理所當然的，但在當時可不是這樣。

在那之前，繪畫是國王、貴族與教會等的私人所有物，一般民眾想看也看不到。換句話說，繪畫、雕刻等藝術品是私有的收藏品。但拿破崙卻將之公諸於眾：「這些是所有法國人的財產。」隨著這樣的資訊公開，人們得以進入羅浮宮，參觀、鑑賞這些成為「公共財」的名畫。

從私人所有物到公共財——這在繪畫史上，絕對是極為重大的轉捩點。這個劃時代的事件，讓法國繪畫界向上提升了一大階，因為許多年輕的藝術家們都能進到羅浮宮，鑑賞這些出眾傑出的畫作了。

不光是這樣，公開繪畫作品也讓市民認

為：「拿破崙是站在我們這一邊的。」這在提升好感上，絕對是非常有效的策略。這是拿破崙一流的宣傳戰略，也是在革命過後的混亂中，拉攏法國民心的作戰。這次公開讓民眾參觀的做法，讓拿破崙緊緊掌握民心。

基於揭露繪畫的公眾認知，也就是「羅浮宮的美術品是屬於我們的」這樣的價值觀，至今仍深植於法國人心中。在拿破崙之後，羅浮宮的名畫仍然不斷增加，而這些都來自法國富豪們的捐贈，他們捐出了原本屬於自己的私有畫作。對他們而言，儘管功成名就之後買了名畫，但為了讓名畫「能讓大家觀賞」、公開成為公共財，就要捐贈給羅浮宮，這對他們個人來說，也是一種名譽。

以這一點來說，把繪畫作為公共財的概念，日本人就非常薄弱。例如造訪日本國立美術館鑑賞名畫時，幾乎沒有人會認為「這些是我們的畫作」。因為對日本人來說，國立美術館的繪畫館藏是國家的所有物，民眾對名畫的公共認知還是很微弱。

這種公共認知的薄弱，其實也可以從企業的經營一窺究竟。儘管老闆自己成立了一間私人企業，但只要在股票市場上公開發行，那就是公共的公開企業。

到了這個階段，這家公司和企業已經不再是私人的，而是社會性的存在，也是公眾的公司（public company，上市公司）。這樣的話，**負責人最低限度的責任，就是建立公司治理的機制，並且有責任對股東們公開揭露財務報表**，但經常有經營者認為：「為什麼我非做這些事不可？」說到底，還是因為公眾認知的薄弱。或許對日本人來說，要擁有這種公眾、公共的認知，還是滿困難的。

造車輸德國，卻辦了史上第一場賽車

革命後的法國為了彌補財政困難，便開始出售土地給農民，因此出現了許多小規模的農家，農民們手持鏟子與鋤頭，開始栽種馬鈴薯等農作物。

正好在這個時候，英國的工業革命成功。位於海洋另一端的宿敵已開始在工廠大量生產，而我們這邊卻還苦哈哈的在田裡農耕……這實在是太令人悲傷了。但看看之後的歷史，法國的農業逐漸發展，生產出美味的蔬果與肉類，也成功製造出起司與紅酒，成為世界數一數二的美食之都。另一方面，英國在纖維紡織等製造方面，都成功大量生產，只是食物方面不怎麼美味。

雖然這只是我的獨斷與偏見，但這時勞動似乎已分成兩條不同的道路，一條是法國式的，另一條則是英國式的，其中的根源則是天主教與基督新教的差異。

天主教色彩強烈的法國，傾向認為最理想的，就是可以從工作中享受人生，並且至今仍有「不用工作便值得驕傲」的文化。

但另一方面，在工業革命上獲得成功的英國，卻出現了「以勞動為驕傲」的文化。這種喜歡勞動、喜歡加班的文化，認為努力工作賺大錢，是很值得驕傲的事。這種文化誕生於以基督新教起家的荷蘭，最終在工業革命的英國開花結果。

在這當中，擅長打造品牌的，則是不喜歡工作的法國與義大利，這兩個國家有很多賞心悅目的精品品牌，對吧。

為什麼天主教國家的義大利和法國，會有這麼多知名的品牌？這是我希望大家重新思考的主題。不過我認為，法國之所以會有許多知名品牌，其中一個理由就是「很會起鬨、振奮人心」。他們不光是製作精良的物品，也很會宣傳、炒熱氣氛，我想這和前面說明的資訊公開是有關係的。

法國在大革命的前後進行了「兩項資訊公開」。

首先就是尼克揭露國家財政，另一項就是拿破崙公開繪畫。揭露國家財政造成法國市民的衝擊與混亂，但公開繪畫卻讓市民產生信賴與狂熱，是兩種對比的結果。

但隨著資訊公開，共通點就是讓市民非常亢奮，其後這樣因資訊公開而亢奮的文化，就代代在法國承襲下來。他們製作物品的實力或許比德國差，例如汽車製造業，德國的賓士在初期階段，就發揮了產品製造的實力。

相對於次，法國舉辦了世界上首創的賽車比賽，讓有錢的民眾知道汽車的存在，同時也創造了能讓顧客炫耀自家汽車的場合。不光只是製造汽車，還創造出汽車比賽來提高聲勢、炒熱氣氛。這個傳統也存在於女性服飾業，比方說聚集了全世界目光焦點的頂尖時裝秀，就是在法國巴黎舉辦。

除了製造業之外，法國也擅長資訊公開，或許正因為如此，才能創造出愛馬仕（Hermès）、路易威登（Louis Vuitton）、卡地亞（Cartier）等知名的精品品牌。

法國苦於財政赤字，其嚴重程度不亞於西班牙。路易十四、十五、十六世這幾代國王，不得不改革會計、重建財政，也仰賴財政方面的左右手。

國王與財政的左右手聯手之後，是否重建了財政？——聽了今天的故事，相信大家也有答案了，那就是「ＮＯ」。財政赤字不僅沒有減少，增稅失敗、起死回生的密西西比公司也以失敗告終，最後甚至引發了大革命。

法國帶給我們什麼教訓？公開財報要慎重

這裡，我們稍微總結一下目前為止的內容。

義大利發明了簿記法與銀行，荷蘭創造了股份公司與證券交易所。

西班牙並沒有什麼發明能留在會計史上，如果一定要說的話，那就是「收取稅金非常困難」這個反面教材的教訓了。只要走錯一步，不僅會招來人民的反感，甚至還會引發獨立戰爭。

接著是本章的法國，這個國家在會計史上留下了什麼？

首先和西班牙一樣，要建立一個讓人民接受的稅制非常困難，而這個教訓也傳承到了今天。

接著，**法國留下的教訓告訴我們，絕對不可以忘記「資訊揭露的衝擊」**。雖然公開財務報表讓眾人看到、揭露（disclosure）會計訊息，在二十世紀的美國首次作為會計的制度而登場，不過可說是於法國萌芽。

尼克最初公開的國家財政報告，掀起了大混亂。資訊揭露總是會引起相當大的衝擊。因此在公開之際，必須審慎討論由誰、什麼時候、公開什麼樣的內容。

戰爭時酒莊被士兵掠奪，回鄉後反倒成了活廣告

最後容我說一個可以讓酒更好喝的故事。

龐巴度夫人愛喝的香檳，一直是由在香檳地區的漢斯，經營酒莊的莫特送來的。還有，路易十四的左右手柯爾貝也出身於漢斯。

在法國還有一個名為凱歌（Veuve Clicquot）的酒莊，這個品牌以黃色的酒標聞名，製作的香檳非常好喝。我好奇這「Veuve」是什麼意思，查了之後才知道指的是未亡人、寡婦。所以「Veuve Clicquot」的意思便是「凱歌家的未亡人」。

經營酒莊的丈夫過世後，留下了凱歌夫人：「既然如此，那就換我來經營。」就這樣由一位女性接過了經營權。品牌的名字也由此而來。

漢斯這個都市，在中世紀時期是歐洲的交通樞紐。正因位處便利之地，只要一有戰爭，就必定會成為目標。每當戰爭時，士兵就會來到此地，狂飲香檳酒：「這真好喝！」然而這些士兵誇張的行為，卻為凱歌夫人開了運。喝了香檳的士兵們，回到自己的國家後，述說著當地香檳的滋味：「那實在是太好喝了！」就這樣，凱歌香檳的美味開始遠近馳名，凱歌夫人也趁勢利用這樣的機會，大賣自家的香檳。

無論人生或是生意，在不幸之後必定會有機會降臨。凱歌夫人如此，法國亦是如此，經歷了嚴峻的不幸後，又堅毅的復活了，我們都應該要學習這種精神。各位如果遇上了沮喪的事，就喝喝凱歌的香檳酒吧。那香檳的滋味會讓人忘卻不幸。打開軟木塞之前，請仔細看看瓶身上的金屬封膜，想必能聽到寡婦凱歌夫人對你說著：「你可別被打敗啦！」

第5章

從現金主義，走入權責發生制會計（英國）

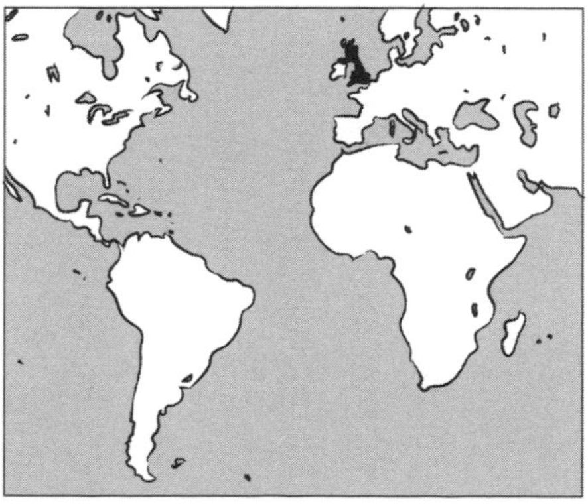

1 木材不足，逼出了英國的工業革命

我既非出身佛羅倫斯，也非出身巴黎，而是來自日本三重縣的四日市市。因為這層緣分，我目前也擔任三重縣支援、培訓年輕經營者的MIE（按：此為三重的日語讀音）培訓班班主任。我和家鄉的這些年輕經營者接觸時，總覺得三重縣人對買賣非常保守、非常被動。我一直在思考：「這究竟是為什麼？」後來我想到，這或許是伊勢神宮的關係。

伊勢神宮是三重縣最引以為傲的觀光景點，無論是江戶時代還是現代，每年都有無數民眾造訪此地。不管怎麼說，以觀光客為對象的生意，都是採取被動的姿態，只要打開店家大門，就算不說話攬客，顧客都會上門光顧。所以很難培養積極的態度來開發新產品，或是在行銷方面下功夫。

江戶時代的人很流行去伊勢神宮參拜，正好同時期、十七到十八世紀的歐洲也很流行稱為「壯遊」（grand tour）的旅行，英國人會經由法國，旅行到義大利。

憧憬義大利紳士的英國人

會出發壯遊的英國人，都是生意上很成功的富豪或者富豪之子。這些貿易有成的富豪和富二代，會出發去義大利學習藝術。時間較長的，據說會花兩、三年旅遊，他們最終的目的地是佛羅倫斯，那裡就如同歐洲的「伊勢」！所以至今在佛羅倫斯當地，也有許多觀光產業擺出等待客人上門的態度。

十七、十八世紀流行壯遊時，英國拜工業革命之賜，景氣非常好，也因此有許多富有的爆發戶。但是他們自己也有自覺，明白過去的人生都和藝術沒什麼瓜葛，因此賺了錢之後，他們就開始想要學習藝術了。

一提到紳士（gentleman），我們就會想到英國紳士，但在壯遊當時的紳士，指的卻是義大利人。儘管義大利當時的經濟低迷，但在藝術上仍維持著很高的水準。英國人對此相當嚮往，想要親眼觀賞這些藝術品，因此才會經由法國，千里迢迢來到義大利。

英國有錢人家的子弟，也就是少爺們要出遠門壯遊，路途可是很危險的。就算沒有中世紀義大利那些強盜、小偷，也會有各種女性靠過來搭訕：「小兄弟要不要來玩啊？」這可是有別於強盜的另一種危險。所以這些富家子弟要出門壯遊時，會有名義上是家庭教師的人負責監視。簡言之，就是家庭教師兼保鑣。知名的經濟學家亞當·斯密（Adam Smith），就曾接過家庭教師的工作，真不愧是經濟學之父，還真會靠副業賺錢，一點都不吃虧。

觀察壯遊的流行，就能了解工業革命時期的英國，的確在經濟上獲得了成功，但在藝術上卻感到自卑。儘管我這種整理法比較粗糙，但在藝術方面水準的高低應該是「義大利↓法國↓英國」，而經濟層面則是「英國↓法國↓義大利」。

這裡請大家思考一下。為什麼寒冷的北方島國——英國，會成就經濟方面的繁榮與成功？

歷史教科書上總是寫「因為工業革命」，但其實理由不只如此。接下來，就讓我們聊聊，英國在成為代表性世界經濟大國之前，歷經了哪些艱辛，在過程中，又出現了哪些關於會計與企業經營的發明。

壁爐稅、窗稅，荒唐的稅金制度

在眾多國家當中，英國也無法倖免，一直為財政赤字所苦。這是因為英國長期以來不斷與法國、西班牙和荷蘭等國戰爭的緣故。為什麼過去的男人，總是這麼容易就和人吵起架來？

要打仗就要花錢。集結士兵與準備武器都要錢，身為島國的英國還必須打造許多船隻。而調度這些錢當然要仰賴稅金了，因此英國就出現了許多令人不可思議的稅金。

在過去，有一種名為「壁爐稅」（hearth tax）的驚人稅金。畢竟英國是寒冷的國家，房子裡一定會有壁爐。壁爐稅就是按照暖爐的數量，來徵收稅金。這和法國的空氣稅真是半斤八兩。

除了這種誇張的想法之外，為了要確認有幾座暖爐，徵稅人就必須進入民眾家中。為此人民都很憤怒：「這簡直就是侵犯隱私權！」原來徵稅人在英國也相當遭人嫌棄。因為這樣，壁爐稅被廢止了，但接下來卻又出現了新的稅金——「窗稅」。

窗稅是按照家裡有多少扇窗戶來計算的稅金，這種稅更是不可理喻。不過收稅的一方卻找到了好理由：「因為如果是數窗戶的話，就能從建築物的外側觀察，不需要進到房子裡，這樣就能保障人們的隱私權了。」聽起來簡直就是笑話，不過這卻是真實的歷史。因為徵收這樣的稅金，讓英國房子的窗戶變少了。這麼一來，日照也減少了，家中變得陰暗潮濕，傳染病也開始流行。

英國到現在還會使用一句俗語、意味著「敲竹槓、漫天要價」，那就是「Daylight Robbery」（日光搶劫）。這個俗語出現於窗戶稅的時代。建窗戶是為了要讓日光照進家裡，卻會因此被徵收稅金，簡直就是敲竹槓！這是源自於當時民眾的憤怒而出現的詞彙。

英國這種因稅金不斷上演鬧劇的情形，和法國簡直不相上下。但除此之外，**英國還有一個嚴重的問題，那就是缺乏木材。**

對寒冷的北方島國而言，缺乏木材可說是足以左右國家命運的大問題。

這和新冠肺炎疫情造成木材價格飆升，引發木材恐慌（wood shock）可是不同層次的，是更嚴重的問題。

說到為什麼會缺乏木材，自然是因為濫墾濫伐了，人們一回神，才發現已經來不及挽回。等到注意到才要植樹造林，那就太慢了，培育木材和培育人才一樣，都需要花很長的時間。英國為了解決這個問題，就只能從其他國家進口，但這樣會造成人民負擔過重，財政也惡化。

木材是支持生活與產業的重要能源。如果不能生火，就無法取暖，也沒辦法煮飯，更無法洗澡。沒有木頭也沒辦法製造船隻，無法製鐵和玻璃。

缺乏木材造成了商業、軍事與生活等所有層面前所未有的危機。若無法克服這個木材短缺的危機，英國便會在這個階段從歷史教科書中消失。

活用煤炭克服危機

英國面臨了左右未來的命運分岔路。

英國人在此藉由驚人的突破來克服難題，也就是利用「煤炭」。英國人為了取代木材、木炭，想到了利用煤炭作為能源。不過說實話，其實最早也不是他們想出這個方法的。早在很久以前，中國就開始使用煤炭了，但是當時歐洲沒有任何一個國家使用煤炭。**英國是歐洲第一個使用煤炭的國家**，為了解決問題，也不得不犧牲了。

根據當時的紀錄，在一六〇〇年至一七〇〇年間，倫敦每年的煤炭消耗量達到了三倍以上。

一六六一年，英國作家約翰．伊夫林（John Evelyn）就曾寫過：「倫敦上空之所以灰濛濛的，是因為過度燃燒煤炭所造成。」這個時期的英國，已經因為過度使用煤炭，而引發環境汙染問題。

比起木炭，煤炭能產生更強的火力。能長時間利用強烈火力，自然是值得慶幸的事，但煙霧卻令人困擾。要是在房間正中央放著暖爐、燃燒煤炭，所有人的臉都會弄得黑黑的。

這畢竟不是一樁好事，因此人們開始把暖爐移到靠牆的位置。將暖爐置於牆邊，並且加裝煙囪、將黑煙排出戶外。開玩笑的說，這麼一來聖誕老人也能從煙囪進到家裡來了。

工廠也開始利用煤炭，藉由這種壓倒性的強大火力，使得製鐵業開始繁榮，生產出來的鋼鐵也支撐了其他製造業。所以利用煤炭，拯救了英國人的生活與產業。

唯一一點比較遺憾的是，他們沒有想到，把煤炭的火力用於烹調食物。在使用煤炭方面，身為前輩的中國，利用煤炭的火力，以超強火力搭配厚重的鍋子，創造出熱騰騰的中華料理。但是英國人卻拚命的工作，完全沒有想到這方面的事。因此後來才會出現「最好吃的英國料理是炸魚薯條」，這種令人遺憾的結果。

因煤炭而誕生的蒸汽機，把英國推上世界工廠

「只要有煤炭就沒問題！接下來就拚命的挖礦吧！」於是英國男人們蜂擁來到礦坑，手裡拿著十字鍬，開始挖起煤礦。

然而，問題是礦坑中湧出了地下水。一旦出現地下水，就沒辦法繼續挖掘。如果只是妨礙了挖掘工作，那也就罷了。要是水大量湧出，甚至可能會

讓礦工溺死。

因此就出現了一個新的問題：「如何處理礦坑中的水？」原本他們使用人力、牛、馬來汲水，但這樣仍然來不及。礦工們心想，要是有高效率的機械式幫浦就好了。

為了解決這個問題，終於有人開發了機械式的幫浦。而作為這種幫浦的動力所誕生的，就是蒸汽機。利用膨脹的水蒸汽力量驅動機器，藉此汲水。在過去，動力只能靠著人類和動物產生，這下子終於能夠成功的藉由機械產生了。

最初在煤礦坑見到的幫浦，大都是固定式的，但後來開始有人認為：「這應該也可以運用在其他地方。」因此也開始用於紡織品製造工業等用途。過去的手工業被機器取代而自動化，這也打開了大量生產的道路。從這時開始，英國獲得成功，被稱為「世界工廠」。

前面所提的內容，就是歷史課本中，一定會提到的「工業革命的開端」。我們理解到，工業革命是因為蒸汽機的誕生而展開。然而，我最感興趣的，其實是蒸汽機「並非以大量生產為目的，而開發出來」。

一連串的意料之外，催生出蒸汽火車，以及保羅・麥卡尼

「先設定具體的目標，接著再朝著這個目標開發」——我們總是以這種線性思考來做事，但歷史性的發明不一定是這樣誕生的。很多時候，事情總是朝著意料之外的方向發展。蒸汽機本來是為了要汲水而製造的，但是偶然間，蒸汽機開始被紡織工廠用於其他用途。

這種現象也出現在我們的工作中。當我們很努力的處理某項工作時，很有可能會在預期之外的地方開花結果。例如製藥廠商原本為了研發治療心臟的藥物，沒想到狀況演變成「這種藥物或許也能用在其他地方」，因此出現了威而鋼。

所以我們不應該因為事情不如預期，就灰心喪志。只要持續，就有可能在別處開花結果。我們應該向這個時代的英國看齊，擁抱預料之外的事。

回到蒸汽機的話題。蒸汽機作為動力機器而誕生，工廠利用它開始大量生產，之後又不斷發生了意料之外的事。

某個在煤礦中修理蒸汽機幫浦的男人，想到了破天荒的主意：「或許可以製造出自動行走的交通工具！」他在蒸汽機上加裝車輪，利用這股動力製造出能自己行走的交通工具。一開始，這是誰都料想不到的荒謬點子，就連被認為是蒸汽機發明者的詹姆士·瓦特（James Watt）也說：「這不可能啦！」可見這真是一個令人出乎意料的主意。

然而，許多挑戰者嘗試實現這個點子，歷經了許多艱辛後，他們終於完成了，這也就是世界上第一輛蒸汽火車。

工廠實現了大量生產，有人發明自己行走的蒸汽火車，同樣由蒸汽機產生的兩個意料之外的產物，搭配起來可說是剛剛好：工廠能大量生產商品，蒸汽火車能大量且迅速的運送產品。

英國在一八三〇年，出現了世界第一條鐵路「利物浦和曼徹斯特鐵路」，就連結了港口城市與工業都市。透過這條鐵路，由港口進口的原物料能運送到工廠，大量製造後的完成品又被運到港口，這樣的作業得以迅速進行。

對了，有一個棉花商人就是乘坐蒸汽火車，在利物浦與曼徹斯特之間往返，工作結束後，他又會化身爵士樂手，到利物浦當地的俱樂部演奏。而他的兒子，恰好就是披頭四（The Beatles）成員之一的保羅・麥卡尼（Paul McCartney）。

工業革命總是在出人意料之處，創造出了各式各樣的東西。

2 折舊，「創造」了盈餘分紅

蒸汽火車轟隆轟隆的吐著煙、向前疾行。但與這種強大印象成對比的，卻是鐵路公司的經營者們抱頭苦惱。初期的鐵路公司經營者，在調度設備投資的資金上，嘗盡了苦頭。

為找錢而苦惱的鐵路公司經營者

為了要讓各位能夠理解這種煩惱，請看左頁這張畫。

這是英國代表性畫家透納（Joseph Mallord William Turner）的畫作〈雨、蒸氣和速度—西部大鐵路〉（*Rain, Steam and Speed – The Great Western Railway*）。他以風景畫家聞名，經常描繪船隻與大海的風景。當他看見蒸汽火車

圖 15：透納，〈雨、蒸氣和速度—西部大鐵路〉（1844 年）。

時，不知是否難耐心中激情，因此畫了這幅畫。

在一八三〇年首次出現於英國的蒸汽火車，奔馳在利物浦和曼徹斯特鐵路上。但透納在這幅畫中描繪的是西部大鐵路，這是在利物浦和曼徹斯特鐵路之後，建造的知名首都圈鐵路。

從畫中可以看到，透納以大膽的筆觸，描繪朝著畫家奔馳而來的蒸汽火車。他在左下角看似輕鬆的畫了艘小船，以新舊交通工具對比的形式，表現出「歷史的變遷」。

在河中緩緩前進的小船、在陸地上奔馳的蒸汽火車，當時，這兩者都被視為運送人員和貨物的運輸工具。最大的差異就在於，開啟這些事業時，初期投資的規模大小。

以船來說，事業主不需要自己造河和海洋，只要有船隻，就能在河川和海上自由航行。但鐵路公司就沒辦法這樣。

為了讓火車在陸地上奔馳，就必須自行製造「道路」，首先必須買土地，施行建設工程，鋪上鋼鐵製的軌道，投入一連串的投資之後，道路才總算完成。之後還要在多處建造車站，也需要準備蒸汽火車的車廂。除此之外，還有用來當作燃料的煤炭、車站的設備、維修零件、其他各種需求等，總之需要非常龐大的資金。

荷蘭的東印度公司，雖然也是需要龐大資金的事業，但蒸汽火車所需的資金規模，遠超過東印度公司。如果沒有這些資金，就無法開展鐵路事業。除此之外，在建設時，又會遭到過去運輸人員、物品的船隻業者與馬車業者激烈反對，導致土地取得困難。為了取得土地，甚至必須付出遠高出預期的金額。

鐵路事業由於龐大的初期投資，資金不斷流出，因而無法獲利。照這個情況下去，在初期階段就找不到股東了。

好不容易製造出蒸汽機，但如果無法克服這堵資金調度高牆，就沒辦法開展事業。因此經營者們便開始苦心思慮：「該做些什麼，才能讓股東願意出資？」

為了配息給股東、吸引投資，而出現「折舊」

會計，想當然耳是計算金錢。

錢花出去、進來，**計算金錢進出，就是會計的基礎**。這在義大利和荷蘭，都是不變的。義大利的辛香料商人、荷蘭的起司商，大家都仔細的記帳，妥善統整收支，這就是會計。

但是以這種現金收支為基礎來記帳的話，開業初期的鐵路公司就會出現赤字，無法以盈餘來支付股息。

「難道沒有其他的辦法嗎？」為此煩惱的鐵路公司，最終想出的必殺技就是「折舊」。真是推出了相當厲害的遠程武器啊。

所謂折舊的手續，並非讓該期負擔一開始的支出，而是「**分割成數個期間、化為成本**」。比方說，如果是四年折舊的話，就將當初的費用分四年，分割計算成本。

用了這個魔法後，就算要支出巨額的設備投資，但作為費用列入的，卻只有其中一部分。這麼一來，就算沒有錢，也會出現「名目上的獲利」，就能支付股息了。

如果用過去基本的現金收支來計算，就無法出現盈利。因此不以「收入減去支出」的方式，而是創造出一種計算體系，用「營收減去費用」來配息。為達成這個目的，最大的第一步，就是以折舊來計算的會計手續。

義大利的商人們，也不見得只以收入與支出來計算，他們也會記錄未來的收入（應收款項）與未來的支出（應付賬款）。與交易對象之間的債權債務造成的現金變動，則是另外記錄。

但是折舊和這種債權、債務紀錄，在層次上是不同的。自己購買的固定資產，可以依照自己的判斷來決定折舊年數、分配費用，可以說是相當主觀的計算。

既然這種主觀的折舊可以容許，那麼應收、應付和預收、預付等計算當然也能被認可。除此之外，為了以備將來的支出，儲備金也可以被計入費用之中了。

以這種折舊的計算為契機，過去「收入減支出」的計算，在會計上進化為「營收減費用」。從收益當中扣掉費用後獲得的利潤，就被稱為利益。換句話說，因為折舊的登場與普及，**過去的現金主義會計，開始進化成名為「權責發生制會計」的新體系了**。

現金收付制會計：收入－支出＝收支。

權責發生制會計：營收－費用＝利益。

先把專門用語擺一旁，在這裡我想要先向各位確認一件事，那就是「會計上的利益，與現金的收支並不一致」。

發生主義會計，就如同從折舊的程序中看到的，會「離開現金」來計算賺了多少錢。畢竟是刻意分離現金來計算，想當然和現金的收支不一致了。「利益與收支不一致」，請各位在縱觀會計的歷史時，務必要了解這一點。

計算太複雜，催生了新職業「會計師」

折舊的出現與普及，對會計的歷史而言，是偉大的一大步。**從這個時間點之後，會計開始從收支計算，進化到利益計算。**

不過有許多人，從這裡開始就不太能理解，覺得會計好難。許多中小企業的經營者，會因為「為什麼錢沒有進來，卻要列入營業額」或者「為什麼明明有利潤，卻沒現金」而抱頭苦惱。

會有這種煩惱，也是理所當然的。若只是收支的計算，可以根據事實、客觀的計算；但是計算利益就不是如此了，會提前計算收入、支出，或者延後計算，這些都是複雜且主觀的計算，因此很困難。

這樣複雜的計算方式，至今仍持續在進化，所以會出現「黑字破產」這樣的狀況。

實際上，英國的鐵路公司當中，也有些業者反過頭，利用這種複雜性來作假帳。例如惡名昭彰的喬治・哈德森（George Hudson）。

他經營了多家鐵路公司，在英國被稱為「鐵路大王」。「他經營的鐵路公司業績一定會上升！」拜這樣的傳言所賜，只要提起他的名字，公司的股票就會很受歡迎。但是，這樣的好業績和高股息都是捏造的。他以建造新鐵路為名所募集的資金，被挪用至其他舊有的鐵路，以帳面上的利潤來配息。

在會計上，區分本金和利益可說是基礎中的基礎，但哈德森卻無視這一點而作假帳。他之所以能得逞，其中一個原因就是「會計的複雜化」。以客觀的收支計算來說，不可能作假帳。但如果是以主觀的利益計算為基礎，卻是有可能的。**會計計算的複雜，讓惡棍有了趁虛而入的空間。**

這麼一來，人們逐漸認知到「為了正確計算利益，必須建立規則」。伴隨而來的是，「門外漢沒辦法做到，還是需要會計專家」，這樣的聲浪也正逐漸高漲。這種社會性需求逐漸提升，因此英國就誕生了「會計師」職業。

會計師與審計人的起源——股份公司恐懼症

鐵路公司的出現，為會計帶來了歷史性的變化。不止如此，鐵路公司對公司的歷史來說，也帶來了巨大的轉變。

十八世紀初期，法國約翰・羅的密西西比公司引發的大騷動、近乎詐騙的事件，也影響了英國。密西西比公司不僅在法國炙手可熱，在全歐洲的出資人之間也相當受歡迎，此時的歐洲掀起一股「股份公司熱潮」。

在英國，人們也趁著這股熱潮設立公司，卻同樣發生經濟泡沫破裂的事件——英國的南海泡沫事件。事件的主角南海公司，就是在一七一一年所建立、與南美地區之間進行獨占貿易的公司。

英國當時為了解決財政赤字，實行了以南海公司股票交換國債的計畫。計畫一開始，南海公司的股價飆漲，和法國同樣引起了大騷動。其中甚至還有投資人，明明在密西西比公司事件吃了大虧，卻仍幻想著「讓我再做一次美夢」，而來到英國。

不過最終，想當然耳，股價迅速下跌、泡沫破裂，「竟然犯了和法國一樣的錯誤……」，英國人不但在經濟上受到損失，在精神上也飽嘗痛苦。

在這種近乎詐騙的事件發生時，我們一定會看到「口若懸河的人物」。密西西比公司時有約翰．羅，而南海公司的時候則是約翰．布倫特（John Blunt）。他想出的廣告標語，為股價狂飆貢獻不少。比方說這句：「地球上所有的國家，都會為你進貢。」我們也得小心才行！千萬要注意股票市場裡的甜言蜜語。

這個南海公司泡沫破滅的事件，也讓英國人陷入恐懼：「股份公司真是夠了。」政府似乎也從這起事件中學到教訓，開始限制股份公司設立。不只是英國，這種股份公司恐懼症，也蔓延到了歐洲其他國家。

英國雖陷入了對股份公司的恐懼症，但由於鐵路公司的成功，讓恐懼症稍微減輕了一點。看到有人提起勇氣，購買鐵路公司的股票和公司債而賺錢，就開始有更多人感興趣：「哎呀，看樣子沒問題。」

鐵路公司成功後，到了十九世紀後半，儘管英國非常戒慎恐懼，但也逐漸鬆綁對於股份公司的限制規範，逐漸承認自由設立股份公司。

保護股東的制度也一步步越來越完善。其中一項就是財務報表的製作與報告。經營股份公司的經營者從股東調度資金，因此應該正確的製作財務報表、向股東報告，逐漸確立這種規則的基本原型。

在這股潮流之中，便誕生了會計師與審計人。**公司的會計負責人所做的會計手續，是否出現了錯誤和舞弊，財務報表是否正確？這時候便需要第三方檢查，這就是會計師的工作。**

會計的英文是「accounting」，而這原本是指「說明」（account for）一詞。相對於此，會計師採行的審計為「audit」，這個字是源自拉丁文的「auditus」（聽）。審計（audit）和「audio」一樣，都是要「聽」的工作。

經營者為了向股東說明而製作財務報表，而會計師審計、「傾聽」，這就是雙方的工作分配。

自鐵路公司登場以來，包含折舊在內的會計規則，已經發展到外行人難以搞懂的地步了。為了確認，就需要擁有會計知識的專家。若沒有這層確認機制，就無法在自由化的股份公司下保護股東，由於這層社會性的需求，因此在英國出現了會計師與審計人。

3 鐵路狂，當時就看財報選投資標的

大家知道「英國吐司」嗎？就是那種頂端像山形一樣隆起的吐司。

過去英國也會吃圓形的圓法國麵包（Boule），但據說從工業革命的時候開始，這種英國吐司越來越多。我認為這種吐司很能代表英國。

因為相較於圓法國麵包、一次只能烤一個，吐司是把麵團扎實的壓進模具裡烘烤。這與日本的集合住宅「團地」一詞，源自於相同出發點。擠得滿滿的才能烤更多啊。我們光從這件事就能知道，英國人還是喜歡大量生產。

英國的工廠也在大量生產，而執行工作的要角就是機械。主角是機器，而不是人類，人類為了配合機械的運作時間，以排班制工作。

工廠長時間運作是理所當然的，但這對勞工來說，卻是非常嚴苛的工作

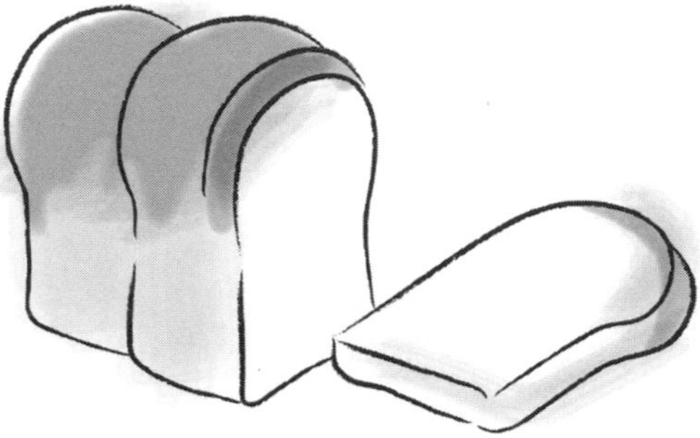

圖 16：英國吐司象徵了大量生產的作風。

環境。住家又因為莫名其妙的稅金，搞得窗戶數量減少，太陽照不進室內，便導致環境潮溼。

由於欠佳的居住環境，夫妻之間的感情也不好，為了讓不停哭泣的孩子入睡，當時的人甚至讓他們喝「幼兒酒」，也因此造成許多幼兒身亡。

英國工廠的勞工們不只身體，連心靈都崩壞了。喜愛勞動的新教徒，幾乎要踏進過勞的警戒區域。

在密西西比公司和南海公司，出現了很多對「投資公司」一事感到興奮的狂熱分子。就讓我們把這些人稱為「公司迷」（company mania）吧。這些公司迷在英國的工廠裡出現突變，也就是工廠裡出現了許多勞工對於「在公司工作」一事非常狂熱。明明是隨時都可能被解僱的員工，但他們甚至犧牲家人和健康、不停埋首工作。在大量生產的工廠中，這種狂熱分子越來越多，這實在是新時代才有的景象。

究竟是靠投資公司賺錢，還是靠在公司工作賺錢？這兩者又該以什麼樣的比例搭配？這是直到二十一世紀的今天依舊持續，恆常不變的難題。

鐵路公司帶來新發明——格林威治標準時間、紅綠燈

努力工作的公司迷，在鐵路公司裡也非常活躍。拜這些人之賜，鐵路公司在各式各樣的領域，創造出名留青史的發明。

例如「標準時間」。最初火車在英國的鐵路上奔馳時，各都市的時刻並不統一，出現的幾分鐘誤差成了一大問題。各地都以日正當中為十二點，但依據都市的不同，會出現幾分鐘的差異。由於這種情況造成不便，就出現聲浪希望鐵路業界應該統一時間。於是整個鐵路業界開始使用格林威治天文臺的時間，這也是標準時間的開始。

接著是「鐵路號誌機」。發明蒸汽火車的人們，先專注思考如何讓火車跑，後來才開始思考如何煞車。這也是當然的，要是不先讓火車跑，就沒有必要停下來了。當煞車煞不住、發生問題時，就必須有一個裝置，能讓後面的來車知道「不要再前進」。因此人們發明了號誌機，紅色、綠色的交通號誌也始於英國的鐵路公司。除此之外，還有一種球型號誌，上面的球狀裝置會上下移動。如果球在桿子的下方，代表「別進來、不要出發」，球在桿子的頂端則代表「全速行駛！（Highball）」因為說起來很

圖 17：標準時間、交通號誌的誕生，都源自英國的鐵路。

順口，後來這個詞就被酒吧沿用，據說這就是居酒屋「Highball」調酒的由來。當然這種調酒的由來眾說紛紜，不過我還是相信這種令人愉悅的說法。

除此之外，先前提到畫家透納的繪畫中出現的西部大鐵路，開始在各站之間相互通訊連絡，這也可說是資訊科技的起點。

如何打造創新組織——找軍人、年輕人

利益計算、標準時間、號誌、Highball 調酒、資訊科技等，這些全都是源自鐵路公司的發明，真了不起。

我因為個人十分有興趣，因此稍微做了調查：「當時都是什麼樣的人，在鐵路公司裡工作？公司內組織運作的狀況如何？」如果能了解這些問題，就能找出創造偉大發明的啟發。相信各位也很好奇吧。

先說結論，初期的鐵路公司，是由兩種類型的人來打造組織，那就是退役軍人和非常有才華的年輕人。

當時的鐵路公司，會僱用很多退役軍人。他們都是能分散獨立作戰、專

家中的專家。戰爭時，會分成小部隊作戰，而鐵路也是四散開來開展事業的分散組織。軍人就是最了解該如何經營、管理這種組織的人。

不過光是軍人的話，很難想出創新的點子。為了彌補這一點，就需要年輕有才華的人。關於新技術，就交給這些最了解的、才華洋溢的年輕人構思了。因此，擅長組織運作的退役軍人，和擅長創新技術的年輕人攜手合作，讓英國的鐵路公司創造出許多發明。這實在值得我們參考。

我算是比較年長的人，知道了這件事之後，就時時警惕自己要注意。年紀大一點的人，一定要鼓勵年輕人，絕對不能試圖壓抑他們。就像鐵路公司一樣，要能讓年輕人胡鬧、創新，並支持他們，才是我們年長一輩的人該做的事。

說到這裡，英國引以為傲的披頭四也是這樣的組合，由退役軍人喬治・馬丁（George Henry Martin）擔任製作人，和四位才華洋溢的年輕人組成。這樣的組合要是合作順利的話，可說是最強的。

關於鐵路公司，還有一點必須補充一下。

擅長成本會計的企業，才能生存下去

事實上，他們非常擅長「成本會計」。在一片如雨後春筍般出現的鐵路公司中，有許多公司都倒閉了。能夠存活下去的，毫無例外的都是「擅長會計」的公司。他們不只會製作財務報表，也很擅長內部的成本核算。

在鐵路公司運作的時候，成本會計的架構不可或缺，它左右了企業經營命運的重要關鍵。因為如果無法正確計算成本，就沒辦法決定運費。

鐵路公司會進行龐大的設備投資作為先行投資，事後再透過運費收入的營業額來回收。簡單的說，商業模式就是「先大筆投資，之後再慢慢回收」。

以今天來說，就是花大錢開發軟體，再靠訂閱制長期回收的經營模式。

這種商業首先必須正確的掌握成本。初期的成本是多少、之後的維護費用要花多少，首先要掌握這些成本，接著再模擬營業額。要把價格設定在多少錢、有多少顧客會來消費，都必須周密的預測這些項目。

這樣一來，搭配計算出的成本與銷售金額之後，才能決定適當的價格。價格既不能設定得太高，也不能太低。太高的話，顧客就會被競爭對手搶走，太低的話，自己反而沒有利潤。為了要制定出適當的金額，就必須有相當高度的會計知識與計算體系。這些存活下來的公司，都做到了這一點。若非如此，相信就不會有初期鐵路業的發展了。

看財報選投資標的，兩百年前的投資人就懂

在難以生存的鐵路業界裡，投資者需要具備厲害的「眼光」。哪一間公司不會倒閉？股價有上漲潛力的公司在哪裡？想要購買公司債和股票的投資人日夜苦心研究，他們會聚集在車站附近的咖啡店，互相交換資訊。

當時人們把這些投資鐵路公司的狂熱者，稱作鐵路狂（Railway Mania）。剛開始在英國掀起風潮，逐漸又擴展到整個歐洲，最後這個鐵路狂的浪潮甚至擴張到美國。

他們都是非常熱衷於投資鐵路公司的人。但是當這股浪潮到了日本後，樣貌卻改變了。日本的鐵路狂則是鐵路愛好者（鉄ちゃん），他們對於鐵路

公司的股票和公司債根本沒興趣。他們最喜歡一手拿著相機，拍鐵路、電車的照片，以及坐火車。

先前提到的公司狂也是如此，狂熱浪潮不斷擴展，就會出現新的類型。隨著鐵路建設從英國擴展到歐洲各國，投資的機會也增加了，這些鐵路狂始祖變得更狂熱。他們熱切的眼神，都望向了大西洋另一端的美國。

在海洋彼端的美國，也追隨歐洲的腳步，開始建造鐵路。由於美國的國土廣闊，鐵路建設的規模也不相同。這些鐵路狂嗅到了比歐洲更為龐大的利潤味道，躍躍欲試的說：「接下來就靠美國鐵路的股票大賺一筆了！」

對這些人而言，問題就是美國距離太遙遠。就算想要投資，但美國太遠了，很難從英國和歐洲，取得美國鐵路公司的財務報表，也沒辦法實地視察，無從得知公司經營者是什麼樣的人。

這時出現了一個人物，主動為這些投資者搭橋，那就是大名鼎鼎的J．P．摩根（John Pierpont Morgan）。

J．P．摩根出身英國銀行家家族，在美國出生，由他來擔任這樣的角色是再適合不過了。由於摩根的指引，歐洲的投資資金開始流入美國的鐵路建設。

而在英國事務所工作的年輕會計師，也乘上了這股流行。他們多次到美國出差、視察鐵路公司，並帶回財務報表。

他們肯定是把這些財務報表交給投資迷，讓他們當作判斷投資的材料了吧。而這些投資迷，想必也反覆研究這些財務報表，因此又掀起了一波跟會計相關的新學習風潮。在歐洲的鐵路狂之間，流行起伴隨投資美國鐵路公司的「企業經營分析」。

所謂的企業經營分析，就是以財務報表為基礎，分析公司的經營狀況。這種分析發展於十九世紀，也正好是歐洲的投資資金，開始進入鐵路公司等各種美國公司的時期。至於為什麼會發展起來，自然是因為對於歐洲人來說，美國很遙遠的緣故。因為距離遠，很難取得資訊，也無法輕易到當地去看，甚至連傳聞都很難傳進耳裡。在這種狀況下，唯一能依靠的只有財務報表。鐵路公司想必也會把財務報表，拿給有可能出資的投資人看。由於利害關係一致，因此開始流行「透過財務報表，分析企業經營狀況」。

經營分析三階段——
會不會倒、會不會賺、未來會不會賺更多

經營分析首先要從流動性分析開始。

流動性分析的別名是安全性分析，通常是以資產負債表（balance sheet）為中心，判斷「公司會不會因資金短缺而倒閉」。代表性的指標，就是流動比率和權益比率。透過這種比率的計算確認資金周轉，檢驗公司是否會破產。

這種透過財務報表所做的企業經營分析，其後又為了因應投資狂的「欲望」而開始進化。

十九世紀時，在擔心公司會不會倒閉的投資人之間，流行起流動性分析。到了二十世紀後，又出現了更貪心、想要知道「公司會不會賺錢」的投資人。而在他們之間流行的，就是獲利分析。

這種獲利分析是透過損益表上的利潤，檢驗公司是否會賺錢。這種計算方式是透過「營業利益率」（也稱銷售報酬率，Return on Sales）來確認，也就是在營業額中，各種利益占了多少百分比。

到了二十一世紀，又有人為了想知道「哪間公司的股票會上漲」而做成長性分析。到了這個地步，就已是貪婪的境界了。先不論過去，想要知道「今後營業額和利益是否會成長」的投資人，便開始計算營業額和利益等指標的「增長率」。

（十九世紀） （二十世紀） （二十一世紀）
流動性分析 → 獲利分析 → 成長性分析

將每個世紀的進化排列出來後，會發現，想要投資股票的人，欲望不斷高漲，而企業經營分析的主題、結構也隨之變化。

此時，英國的會計師們，不斷反覆出差到美國去。就算他們再怎麼年輕、體力再怎麼好，在大西洋上往返航行，也會讓人疲憊。當時不像現在，船上既沒有網路、也沒辦法玩電動遊戲。

國際會計事務所誕生——普華永道

因此他們想到了遠距工作的方法。以當時來說，就是設立「美國分處」。只要設立這個機構，就不需要持續往返兩地了。

在大西洋上的船中相識的兩位英國會計師，塞繆爾．普里斯（Samuel Lowell Price）和埃德溫．華特豪斯（Edwin Waterhouse）討論著：「我們一起在美國開一間事務所吧！」這就是今天全世界最大的會計師事務所普華永道（PwC）的起點。除此之外，還有德洛伊特（Deloitte）、塔奇（Touche）、皮特（Peat）、馬威克（Marwick）等英國會計師，在美國當地設立了事務所。這些人的名字都出現在國際事務所的公司名稱，相信有些讀者曾聽過吧。

接下來故事的舞臺就要離開歐洲，進入美國。歐洲的移民陸續前往美洲新大陸。接下來又會發生什麼樣的故事？

第6章 把上述所有一切都串連起來（美國）

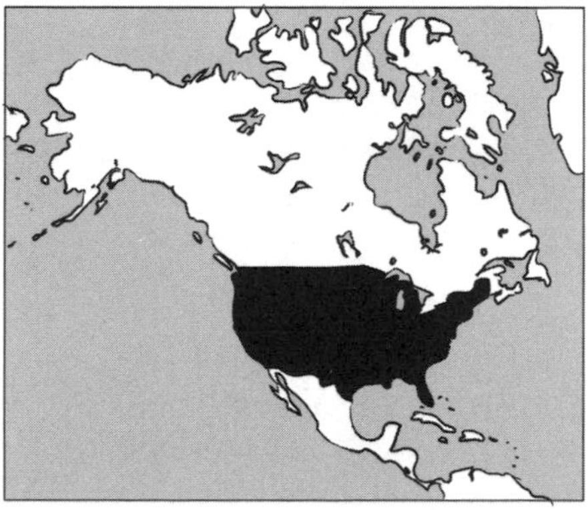

1 鐵路公司不斷併購，財報合併結算應運而生

中國古典《孫子兵法》連比爾・蓋茲（Bill Gates）也非常推薦，其中有這麼一句話：「百戰百勝，非善之善者也。」

這裡突然提到孫子兵法或許有點唐突，不過為了要說明美國立國的來龍去脈，這是最符合的一句話了。孫子告訴我們，打一百次仗、勝了一百次，也不能算是好中之好。美國彷彿是依循了這個教訓，開始邁向大國之路。

讓我按順序來談吧。為什麼孫子會說「百戰百勝，非善之善者也」？因為當他在寫《孫子兵法》時，中國仍處於相鄰的多個國家群雄割據的狀態。

我們假設A國和B國開始戰爭。A國投入眾多士兵攻擊，而B國也不甘示弱，投入許多士兵。戰爭因投入眾多人力與資金而越演越烈，兩國都出現

大量人員死亡，並消耗龐大財力。就算在戰爭中取得勝利，國力也因為長期持續戰爭而衰弱。一旦國力衰弱，就非常有可能成為C國和D國的攻擊目標。也就是說，會暴露在漁翁得利的狀況之下。所以《孫子兵法》才會說「百戰百勝，非善之善者也」。

那麼，要如何作戰才是最好的？這句話還有後續：「不戰而屈人之兵，善之善者也。」意思就是，不殺士兵、不浪費錢財，不經戰爭而使敵人屈服，才稱得上好中之好。

美國因對手失分，成功擴大領土

戰爭如此，商業和人際關係也是如此。我們總是不自覺的殺紅了眼，想要打敗對方。但這可不行，不要一頭熱、過於熱血沸騰，要以平靜而有智慧的方式來應戰——這才是理想的方式。

不知道美國是不是深知這一點，幾乎是完全按照這樣的教訓，成功的擴張領土。美利堅合眾國在一七七六年發表獨立宣言時，其領土不過只有東部的十三州。到了一八〇三年，當美國從法國手中，購入路易斯安那地區時，領土一口氣倍增。到了一八一九年，美國又向西班牙購買佛羅里達地區。

美國不是靠打勝仗取得土地，而是以低廉的價格做不動產買賣。講座聽到目前為止，大家想必都知道，**當時法國和西班牙正苦於財政赤字，沒有多餘的心力經營美洲的殖民地。正煩惱自己國家財政問題的法國和西班牙，就這麼為了錢，把這些殖民地脫手了。**

西班牙和法國出售土地，以孫子兵法來說，就是「不可為之」的行為。積極果敢的著手經營殖民地並非壞事，但明明擴張戰線、目標是百戰百勝，卻因為經營失敗而以低廉的價格脫手。美國因此毫不費力的，就得以擴張領土。換句話說，就是讓美國漁翁得利了。這可真糟糕。

以足球來說，就是因「對方失誤」，讓美國用低廉的價格購得領土。除此之外，他們也向美國原住民印地安人，以超乎常理的低價購入土地。德州的土地雖然經過戰爭，但最終也成功納入國土。

美國就這麼一步一步擴張領土，而且這片大地可是好土地。美國豐饒的土壤讓農作物長得很好，石油、礦石等各種資源也非常豐富。

美國自建國之後，就以孫子兵法「不戰而勝」的方式，達成了領土擴張。

多虧了標準鐵軌，促使企業併購更活潑

美國擴張領土的同時，鐵路路線也不斷擴張。為了在廣闊的大地上移動，蒸汽火車已成為不可或缺的存在。鐵路的建設工程與營運方式，早已由始祖英國和歐洲各國確立了知識與技術，之後「只要有資金，就能建設鐵路」。以Ｊ．Ｐ．摩根為首的金融家，擔負了從歐洲帶來建設資金的角色。而英國的會計師們，則會把美國鐵路公司的財務報表帶回歐洲，提供投資人作為參考資訊。

就這樣，多虧確立了往來路徑，連結大西洋兩岸的資金與資訊，歐洲的鐵路狂開始對美國鐵路源源不絕的提供資金。這一點也在第五章提過了。

十九世紀中葉到後半，鐵路建設十分活躍，拜其所賜，紐約證券交易所（ＮＹＳＥ）彷彿就是為了鐵路公司而存在一樣。可以說，多虧了這些鐵路公司，讓紐約證券交易所得以近代化、大規模化。

由於歐洲提供充裕的資金，鐵路建設也順利進行。但是如果要說鐵路公司都經營得一帆風順，似乎又不是這麼一回事。因為其實有不少鐵路公司都倒閉了。

這裡考考大家。美國在十九世紀最後的二十五年間，建造了許多鐵路。大家認為在這段期間裡，有多少家鐵路公司倒閉了？請從以下三個選項中選出答案。

①一〇〇家。
②七〇〇家。
③二〇〇〇家。

正確答案是「七〇〇家」

在二〇二一年，紐約證券交易所的上市公司，約有兩千五百家左右，以這個數字來看，七百家公司倒閉，實在不是小數目。總之，十九世紀的美國誕生了許多鐵路公司，也有很多家倒閉了。

讀到這裡，各位想必會覺得疑惑：「倒閉的公司所擁有的路線，要怎麼處理？」

大多數時候，其他的鐵路公司會收購倒閉的公司。經營困難的公司會在營運出問題的階段，就準備出售，或者是和其他鐵路公司合併。鐵路公司當時都非常果決且徹底的大肆併購（M&A），所以不會出現「公司倒閉、火車停駛」的狀況。

鐵路公司的收購與合併之所以如此活躍，背景因素在於鐵軌的尺寸都一樣。鐵路的車軌有所謂的「標準鐵軌」（Standard gauge），而且幾乎所有的鐵路都會採用。要說如何決定這個標準的，說起來讓人非常吃驚：「只是因為人們一直沿用最初的標準尺寸。」英國鐵道之父史蒂文生（George Stephenson）在利物浦和曼徹斯特鐵路等所使用的鐵軌尺寸，之後一直都被當作標準。

這個標準軌的軌距是四英尺八．五英吋（一四三五公釐），真的是很半吊子的尺寸，但總之就這麼固定了。其後全世界的鐵路公司在建設鐵路時，都模仿這個尺寸。當所有人都使用相同鐵軌尺寸時，效益非常大。從此，鐵路就更易於相互交錯使用了。此外，在收購其他鐵路公司的時候，還可以連接不同的路線。由於這種標準軌，鐵路公司就更容易彼此「連結」了。

令人驚訝的是，到了二十一世紀的今天，世界上還有一半以上的鐵軌，都是沿用這個尺寸，鐵道之父史蒂文生真是偉大。（按：除去俄羅斯、芬蘭、葡萄牙、烏茲別克的高速鐵路，全世界都採用標準軌。）

鐵路公司經常併購，單一公司的財報不夠用了

十九世紀的美國鐵路業界，因為併購而出現了規模龐大的鐵路公司，也出現了幾位有名的鐵路王。其中的代表人物就是前面提到的J．P．摩根。將歐洲的資金引進美國的他，並不滿足於仲介佣金的手續費收入，也或者是因為鬆散馬虎的鐵路經營而惱怒無奈，他最後終於開始經營自己的鐵路公司。

要經營鐵路公司，工作業務不只是要管理火車安全運行而已，還要具備成本會計等高度的會計知識。這些我們在先前的英國篇也曾提過。如果不正確的計算成本，就無法妥善定價。

為了要重建已經破產的公司，就必須委託知識與經驗相當豐富的人。許

多人便委託摩根：「拜託你了！」也因此在摩根旗下，陸陸續續增加了許多鐵路公司。

他收購這些經營困難的鐵路公司，說著：「交給我吧！」企圖重建這些公司。收購赤字的公司重建經營——他這樣的手法，現在也漸漸被稱為摩根化（morganization）。

這種做法受到了好評，摩根旗下也逐漸增加了許多鐵路子公司，很快便成了巨大的鐵路集團。這麼一來，人們勢必就會想知道，包含多間公司營收的集團整體業績。

對於隨著收購、合併而邁向集團化的鐵路公司，**人們想要知道整體集團的業績，「合併結算」就因應這個要求而出現了。**

過去的財務報表，都是以股份公司為主角而製作的。相對於此，新出現的合併結算，是以企業集團為單位。鐵路公司所創造的合併結算，是很單純且原始的計算，不過其後慢慢修正並越發精練。

隨著合併的登場，財務報表便分為以下兩個種類：

單一結算：以公司為單位來結算（單一財務報表）。
合併結算：以集團為單位來結算（合併財務報表）。

「合併」（按：日文中漢字為「連結」）這個詞，本來就散發著濃濃的鐵路氣息，就像連接車廂的零件被稱為連結器一樣。而會計上的合併連結，其實也是來自鐵路公司！事實上，當我發現這一點時，也不禁驚呼：「哇！真不愧是鐵路啊！」

說不定各位任職公司的會計經理，都不知道這一點。各位不妨試著問問看：「您知道合併（連結）財報的由來嗎？」這下就可以跟經理炫耀一下了。雖然很有可能會被經理討厭。

殷切期盼的大陸橫貫鐵路，造就了大量生產

美國自建國以來，一步一步擴張領土，並擴大鐵路的路線網。稱得上鐵路建設最高潮的，就是「大陸橫貫鐵路」的開通。

大陸橫貫鐵路連接美國廣大領土的東邊和西邊，其中的意義超越了單純的運輸手段，這也是美國人殷切盼望的建設。

來到美國這片新大陸的移民，對歐洲想必帶有些許的自卑。說到鐵路，那也是發源於英國，而非美國原創的產物。但是大陸橫貫鐵路就不一樣了，歐洲沒有規模這麼大的長程鐵路。再加上歷經漫長艱辛後的開通，會令人內心更為感激：「我們終於做到了！」

美國畫家托馬斯．希爾（Thomas Hill）曾在畫中描繪這個鐵路開通儀式，就是大家在下頁圖18看到的畫作〈最後的鐵路釘〉（*The Last Spike*）。

希爾出生於英國，在孩提時代與父母一起來到美國。他在賓州藝術學院學習後，因描繪壯闊的自然景致而逐漸出名。儘管他很擅長畫自然風景，卻創作了這幅畫作，描繪那些來參加大陸橫貫鐵路開通儀式的人們。在圖畫正中央、體格良好的男性，就是當天的主角利蘭．史丹佛（Leland Stanford），他就是鼎鼎大名的史丹佛大學的創辦人。這一天，他以鐵路公司總裁的身分參加儀式。

這個值得紀念的開通儀式，於一八六九年舉行。這裡請大家回想一下，

圖 18：連接美國東岸和西岸的鐵路，只差最後這根釘子了。

一八三〇年，世界首次有蒸汽火車成功運行。距離利物浦和曼徹斯特鐵路，僅僅經過了三十九年，美國的大陸橫貫鐵路就完成了。除了英國之外，歐洲各國都建設了鐵路，到美國完成大陸橫貫鐵路，僅僅歷經了三十九年！由此可知，在這期間，鐵路建設發展得有多迅速。工地現場的男人們多麼勤奮的工作，光靠想像的，就令人眼眶泛淚。

不過，辛苦的不光是在建設工地工作的男人。為了要鋪設綿延不絕的漫長線路，就需要大量的鐵軌和枕木，也需要建造許多橋梁。在這當中，技術與資金面就充滿了歐洲鐵路不曾歷經的艱辛。

除此之外，鐵路完工後為了要順利運行，也需要運行計畫、安全管理、成本會計等，所有層面精密的技術與知識。換句話說，美國的鐵路經營比歐洲更長途，因為經營管理方面的困難，也成了創造知識與技術的寶庫。

美國鐵路公司誕生了各式各樣會計與經營的相關發明，在那裡工作的年輕人當中，就出現了名留青史的人物。

接下來就讓我們介紹一下其中一位：以卡內基大廳而為人熟知的安德魯・卡內基（Andrew Carnegie）。他被稱作鋼鐵大王，不過在少年時期，他還做過鐵路公司的郵件派送員。這樣的少年日後怎麼成為鋼鐵大王，又如何改變了會計與管理的歷史？

2 大量生產規模經濟，創造美國黃金期

在十九世紀，鐵路公司是很受學生們歡迎的就職標的。只要能在鐵路公司上班，不只薪水很高，還能學習最先進的會計與經營管理技巧。會這麼受學生歡迎，也是可以理解的。

曾在鐵路公司學習的年輕人，之後會轉職到其他領域，或者是自己創業成立公司，擴展自己在鐵路公司學到的知識和見解。卡內基也是其中一人。

卡內基是蘇格蘭移民家庭中的兒子。他的父親原本是紡織工人，在失去工作後，來到美國。卡內基自己也是從小就開始工作，幸運的是，他在賓夕法尼亞鐵路找到了工作機會。

他一開始是從藉由鐵路配送信件的郵遞員做起。從此他不斷迅速的往上攀升，並在鐵路公司裡扎實學習了會計與經營管理。他晚年時也自述：「我

在這間公司學到的成本會計，對我有很大的幫助。」

以成本會計為武器發跡的卡內基

從賓州鐵路獨立出來之後，卡內基成立了鐵路用的「鐵橋」公司。當時美國大都使用木製橋，因此有很多崩塌事故。為了縮減成本而經常使用的木橋，在耐用性方面還是有問題。

「接下來一定會需要鐵橋！」他這麼思考，便開始製造鐵製的橋梁。他的預測非常準確，這間蓋鋼鐵橋梁的公司讓他賺大錢，因此他開始踏入了鋼鐵業。

那麼卡內基「成功的關鍵」是什麼？

當時無論是鐵橋公司、鋼鐵公司，在經營方面的優先課題，都是大量生產。為了達成這一點，卡內基把分工制度引進工廠。製作的過程被分為幾個工序，並且照順序配置作業員和機械。在這裡工作的勞工，要盡可能把作業「標準化」，並要下功夫避免工作時拖拖拉拉。

卡內基在工廠作業中引進了分工和標準的思惟，並依循這樣的想法大量生產。

分工＋標準＝大量生產。

這就是卡內基經營管理的成功法則之一。

在鐵路業界學習到成本會計的方式與重要之後，卡內基也把這個概念帶進了工廠。他把在鐵路業培養出來的成本會計手法，引進製造業。

美國的初期製造業為了要分工，分成了幾個工序。從引進原物料的上游開始，歷經了幾個工序，到下游最後製造出成品。像這樣，以將作業工序分成好幾個步驟的工廠為前提所誕生的，就是「成本會計」。

這個計算由三個步驟構成。

①依經費項目個別計算→②依部門個別計算→③依產品分別計算。

這些步驟正好對應分工化的工廠。

首先，材料採購費和員工的人事費用以「①個別經費項目來計算」。接著由前期工程進到後期工程時，以「②個別部門」來計算，最後各個成品的成本以「③個別產品」來計算。

以上就是成本會計的步驟，這是一種「連結」因分工而各自分散的工序，來計算產品成本的體系。

若合併（連結）能將分散的公司統整起來，俯瞰集團的整體業績，那麼成本會計就是把分散的工序結合，計算產品的成本。這兩者的關鍵字都在於「連結」，請大家務必記得這一點。

美國靠規模經濟而成功

從製造鐵橋到鋼鐵，在這個過程中，卡內基發現了一件事：「製造越多，賺得越多。」

在分工化的工廠中大量生產，就能大量販賣。這麼一來，優點可不光只是增加營業額的正面效果。透過大量製造，還有「單項產品的成本下降」的效果。

只要大量生產，平均每個產品的成本就會下降，因此就算降價出售，也能增加獲利——卡內基了解這個機制後，就開始以低價販售大量製造的產品。對購買者而言，能以低價購買優良的鋼鐵，實在沒有比這個更好的事了。

這麼一來，卡內基就獲得了前所未有的成功。

這種藉由大量生產並低價賣出獲利的做法，叫做「規模經濟」。說規模效益（scale merit）或許會更好懂。卡內基理解這個模式，並靠著實踐它而大獲成功，這就是卡內基第二個經營的成功法則。

大量生產＋大量販賣＝規模經濟。

這樣的方法也擴展到其他的製造業，不知從何時開始，按照這種規模經濟大量生產、大量販賣，就成了美國製造業的強項了。

火車步下舞臺，主角換成汽車

卡內基憑藉鐵路公司的知識與技能而成功，可說是「蒸汽火車時代的英雄」。他活躍的十九世紀結束、進入二十世紀後，便出現了新的交通工具——「汽車」。

重新回顧一下，我們會發現會計與經營管理的歷史，其實是隨著交通工具而進化。義大利、西班牙、荷蘭篇的中世紀到十八世紀左右，主角都是「船」。到了十九世紀的工業革命，英國的「蒸汽火車」成了主角。新的會計與經營管理的知識與見解，也隨著鐵路公司因應而生。接下來是美國，就是我們現在提到的，卡內基從鐵路公司學到的成功法則。

接著主角再次交棒，這次是汽車。德國、法國和英國，在汽車的開發上都有進展，而美國則是讓汽車成為商業上成功的產品。

技術上，不僅要創造能發動、奔馳的汽車，而公司也要透過生產、販賣，在經營上獲利，這可不是容易的事。不過，接下來我們要介紹的亨利．福特（Henry Ford）就讓這項困難的事業成功了。美國人紛紛購買福特T型車，手握著方向盤，得到了想去哪裡、就去哪裡的自由。

福特公司在製造、販賣T型車上成功的做法，也成為了範本，不僅擴展到其他的汽車產業，也擴及所有的製造業。

美國的汽車產業等製造業，在二十世紀初期迎接黃金期，美國也因此登上世界第一經濟大國的寶座。我們可以說，蒸汽火車將英國推上十九世紀的經濟大國大位；到了二十世紀，則是由汽車，將美國推上了世界第一經濟大國的寶座。

販售福特T型車的福特，牢牢抓住了繼承自前輩卡內基的成功祕訣，也就是「規模經濟」。

福特的成功與公司狂，第一所商學院誕生

規模經濟不是由某個人單獨發明的，卻是美國製造業脈脈相傳的 know-how（知識）。

例如槍枝生產，美國國內能生產高性能且低價的槍枝。十九世紀前半的

槍枝工廠中，就已進行「標準化槍枝大量生產」。諷刺的是，由於高性能且低價的槍枝大量流通，導致南北戰爭中的死傷者增加。

美國的生產系統特徵是「流水作業、作業標準化、零件互換制」，這是因為製造現場都是移民等門外漢，而且人事費用很高，所以為了解決這個狀況而下的功夫。這種做法是由吸收了工程師腓德烈．泰勒（Frederick Winslow Taylor）的科學性管理原則發展出來的。這個接力棒到了二十世紀，就由福特接手。

福特是農家子弟，父親原本希望他繼承家業，但他對農場毫無興趣，因此拒絕了父親，並且一心熱衷於製造汽車。他試作的汽車能以時速十五公里的速度在街上跑，不過據說車子一邊跑，零件還一邊掉落就是了。他不斷改良試作車，到了二十世紀，終於完成了大名鼎鼎的福特T型車。

我在學生時代，非常喜歡一個愛爾蘭搖滾樂團「Thin Lizzy」，據說這個樂團的名稱，就是源自T型車的暱稱「Tin Lizzy」。

不過話說回來，福特製造出外觀既可愛、性能又優良的汽車，接下來就是思考該如何大量生產了。他從肉製品的加工工廠獲得靈感，想出了輸送帶作業系統。

這麼一來，作業員就不需要移動，只要引進輸送帶作業系統，零件就會移動到作業員面前。採用了這個系統後，就一口氣提高了作業效率，前輩卡內基導入工廠的流水作業，到了福特的工廠又更進步，從此就能大量生產汽車。

為了實現大量生產，福特沒有製造多款汽車，而是只鎖定生產T型車，甚至連顏色都只有黑色。這麼一來，大量生產的福特T型車，就能大幅壓低每輛車的生產成本。而福特也調低了這輛車的販售價格，由於成本降低，所以就算降低定價，也能獲利。

因為價格便宜，就有許多消費者願意購買。這麼一來，福特的獲利就能增加。他就以這些獲利，提高了員工的薪資。

因為這樣，這間福特公司便成為「雖然工作內容很單調，但薪資待遇卻很好」的職場。卓別林（Charlie Chaplin）的電影《摩登時代》（*Modern Times*），就是把焦點鎖定在「工作很單調」這一部分而創作的。

不過，無論卓別林再怎麼批判，對於員工來說，薪水高的福特公司還是很受歡迎。我們在英國篇曾提到，公司狂非常喜歡在公司上班，到了美國後，

圖 19：輸送帶作業系統首次出現在福特的汽車工廠。

他們喜歡工作的程度又更上一層樓。

美國的公司狂不光是喜歡工作，他們也很喜歡學習。他們主動提升自己的商業技能，藉此幫助公司獲利。正因為有喜歡學習的公司狂，美國便出現了教導商業知識的學校。

一九〇八年，福特T型車開始量產，而哈佛商學院也於同年在波士頓設立。幾年後，芝加哥大學也開設了新的課程，在會計的歷史上留下一筆紀錄。

我們所生活的二十一世紀，

是物質過剩的年代，所以很流行收拾、打掃、整理等主題。

但十九世紀到二十世紀的美國卻正好相反，當時基本上是物資短缺的時代。從大陸橫貫鐵路開始，移民們搭乘著持續建設的鐵路、移動到各處，並在中意的地點定居下來。逐漸的，人口增加形成了城鎮。在這樣的狀況下，就需要食品以及與生活相關的各種產品。首先，肉製品加工的工廠開始大量生產。肉品加工的輸送帶作業系統給了福特靈感，這絕非偶然。因為在當時的工廠裡，與食品相關的工廠，早已開始高效率的生產方式。其中就有福特想要學習的知識與技術。

會計學在芝加哥大學誕生，也催生了麥肯錫公司

當時的環境是「越製造、越暢銷」，以我們現在的眼光來看，實在很令人羨慕。不過他們也有他們的煩惱。首先是前面說明過的：該如何建立大量生產的方法。除此之外還有一點，那就是如何應對突然改變的需求。

在十九世紀的美國，景氣與不景氣交錯而來，對公司經營者來說，要如

何應對就成了一大難題。到了二十世紀，應對景氣變化便越來越重要了。

二十世紀的景氣波動更劇烈，而且對工廠等的投資金額更為龐大。因此，經營者都很苦惱：「到底應該要生產多少量？」、「是否應該投資設備？」

然而，過去的會計和財務報表，都無法帶來啟發和靈感，因為上面都只寫著「過去的實際成果」，但經營者想要知道的是「未來應該要怎麼辦」，也就是應對未來的方針。

為了解決這類管理上的需求，芝加哥大學就誕生了卓越的新會計講座。這個新講座由會計學教授詹姆士・麥肯錫（James McKinsey）開設。他宣告：「企業經營者，眼光看向未來！」並創立了新的管理會計課程。講座的內容不同於以往的會計課程，而是以預算制度為中心。

他認為只要引進預算制度，制定下一個年度的利潤規劃，並按照這個規劃行動，就能克服需求的變化。這個信念打動了許多企業經營者和創業人士的心，課程大受歡迎。

麥肯錫教授創立的新講座，教授的是「管理會計」，（Management accounting）。這個講座的誕生，就會計歷史而言，是偉大的一步。因為**隨著管理**

會計出現，會計終於不再只是處理過去，而開始放眼未來了。

從義大利經過荷蘭，再到英國和美國，這個歷程中建立起來的財務會計都是「追趕著過去」。但從這時開始，新登場的管理會計則是處理「未來的計畫」，能幫助企業經營者判斷。

對喜歡學習的公司狂來說，管理會計提供了他們新的材料。自此，美國的商學院就紛紛將管理會計課程，加入課程表中。

或許是對哈佛商學院暗中燃起的競爭意識，麥肯錫教授的新嘗試大獲成功。他執筆的預算相關書籍十分暢銷，麥肯錫教授趁著這股氣勢，甚至成立了以自己名字命名的管理顧問公司，就是赫赫有名的麥肯錫公司（McKinsey & Company），麥肯錫也成為「全世界在商業方面最成功的會計學教授」。當然，也可能只是我這麼認為而已。

3 請小偷來抓小偷，證券市場更健全

紐約的華爾街（Wall Street）現在是世界金融中心。大家知道為什麼要叫「華爾」街嗎？為什麼要把牆（Wall）放進名字裡？

十七世紀荷蘭人把此地作為殖民地，為了要抵抗印地安的小偷與襲擊，建了一道牆，華爾街之名便是由來自此。

襲擊美國的經濟大恐慌

如果荷蘭人從那時起，便持續擁有此地的話，紐約（New York）或許不會叫做紐約，而是名為紐阿姆斯特丹吧（New Amsterdam）。但是喜愛辛香料的荷蘭人，看上了可能會生產肉豆蔻的印尼島，因此交出曼哈頓島和英國交換。這麼一來，此地的地名就變成紐約了（按：「York」是指英格蘭的約克郡）。不過話說回來，當時的荷蘭人和英國人，真的是沒什麼命名的品味。新阿姆斯特丹和新約克，就像日本三重縣的人在這裡殖民，然後把地名取為「新伊勢」一樣。如果是我，一定會太過難為情，沒辦法取這種名字。

不過話說回來，紐約華爾街上的紐約證券交易所，現在已成為世界金融的中心了。接著，我們來聊聊以這個證券交易所為中心，所發生的「大恐慌」故事。

一八三〇年代，世界首輛火車行駛在英國的鐵路上，當時紐約證券交易所中買賣的股票不過幾百支而已。到了一八八〇年代，個股數已經突破了一百萬支。相信大家一定知道其中的原因，就是因為鐵路股票很受歡迎。到了一八九八年，公開上市的股票中，有一半以上都是鐵路股。鐵路狂竟然這麼熱烈，真是令人甘拜下風。

進入到二十世紀後，除了鐵路公司以外，也開始交易些許製造業和零售業的股票。從十九世紀到二十世紀，注意到規模經濟的經營者們，發覺「大也是一件好事」，便反覆合併公司，資金也紛紛流向這些龐大的企業。卡內基也將自己的鋼鐵公司賣給Ｊ・Ｐ・摩根，並合併了兩百家的中小企業，成立美國鋼鐵公司（U.S. Steel），公開發行股票。對創業者而言，能公開發行自家公司的股票，除了是夢想成真之外，也是一獲千金的大好機會。

一九二〇年代，美國在第一次世界大戰後成為戰勝國，製造業等實業巧妙結合背後支持的金融機能，大量製造、大量銷售的大量消費時代來臨。這個時期的股價持續上升，但破滅的腳步聲也逐漸逼近。

一九二九年十月二十四日這一天終於到來。「黑色星期四」，經濟大恐慌開始了。

荷蘭的鬱金香、法國的密西西比公司，各種反覆上演的暴跌悲劇，終於也出現在美國。隔週十月二十九日星期二，股價暴跌，懷抱著些許翻轉希望的人們，心都碎了。

當時有許多人破產及自殺，股價直到一九五一年，才終於再度回到一九二九年的水準。

但**在這次的大暴跌中，卻有一家公司的股價沒有崩盤——可口可樂**。在大恐慌過後，可口可樂公司的股價迅速就恢復了，之後的股價也持續穩定上揚。一九三〇年代，幾乎所有公司都非常艱困，只有可口可樂的業績不斷穩定提升。

品牌投資的重要，以及與會計的接點

為追求規模經濟而大量生產、大量銷售，企業也能降低成本，以低價銷售。如果這是美國製造業的成功法則，那麼可口可樂可說是遵循這個法則的企業中，最成功的一家。

可口可樂不斷尋找最佳方式，以順利大量生產、大量銷售以及低價販賣，接著又加上其他要素，也就是「行銷」。

今天全世界無論大人和小孩，只要一提到聖誕老人的衣服，就會想到「紅色」。這其實是因為可口可樂公司的廣告中，硬是讓聖誕老人穿上了可樂的紅色。原本被視為聖人的聖誕老人，其實會穿各式各樣顏色的衣服，但自從可口可樂公司委託了瑞典人製作廣告，塑造了一個「身穿鮮豔紅色服飾的聖誕老公公」形象之後，大眾心中的紅色聖誕老人印象，就這麼固定下來。

除此之外，公司為了銷售可口可樂而製作的廣告，也非常重視產品形象，這也是先前的製造業未曾出現的概念。當時的製造業，幾乎沒有任何公司對於「品牌」有所認知且十分重視。但是可口可樂公司很快便體認到品牌的重要，並因為重視品牌而提升業績。

現在可口可樂毫無疑問的，已經成為全球性的品牌。

也可以說，它是創造美國製造業傳統的「美國品牌」，其最大的特徵就是大量生產、大量銷售。為此，可口可樂也採取特許經銷權的方式，進行嚴格的品質管理，並實現了「不管到世界的哪個地方，味道都一樣」。

圖 20：可口可樂最初的訴求，是「便宜、喝了又會神清氣爽的飲料」。

接下來是低價販賣。美國是由歐洲移民所建立起來的國家，這些移民當中很多都是窮人，為了要讓他們購買商品，就要製造出與他們生活息息相關的產品，最具代表性的就是食物與飲料。想要受到這些人的喜愛，可口可樂就以便宜的價格銷售「喝了會神清氣爽的飲料」。

最後，就是擅長推出以一般大眾為客層的廣告。對可口可樂來說，製作廣告等對品牌的支出，毫無疑問就是一種「投資」。搞不好比起投資工廠的建築和機械設備還更重要。為了守護、培養自家品牌，應該要在哪個面向、付出多少投資？這個新主題，可說是超越了過往會計與企業經營框架。

到了二十一世紀的今天，對於所有製造業、零售業、服務業，甚至是自由業來說，品牌經營都是重要的主題。通常一般認為這屬於行銷的範疇，不過既然有投資，就與會計密切相關。

過去，**人們認為會計這個領域是「財務相關的工作」。但是現在，對於廣告宣傳、行銷負責人而言，模擬會計上的投資報酬率分析、效果測試都是不可或缺的一環。**

從檢視過去的財務會計，到創造未來的管理會計，這些知識對市場行銷、廣告宣傳、業務負責人來說，已成為必備的知識了。

由小偷來抓小偷——美國證券市場改革

一九二九年的大恐慌後，美國大肆改革了會計制度。

成功完成這項使命的中心人物，是老約瑟夫・甘迺迪（Joseph Patrick Kennedy），通稱「喬」。他在大恐慌之前，曾以粗暴的手法致富。他的祖父是來自愛爾蘭的移民。他自哈佛大學畢業後，便擔任銀行金融檢查人員，學習如何解讀財務報表與經營分析。

除了這表面的學習外，他也學到了操作股價、內線交易等地下的學習，據說因此賺了不少錢。當時的市場上有許多像他這樣可疑的人物。喬可不輸芝加哥犯罪集團老大艾爾・卡彭（Al Capone），他甚至說過：「要賺錢可是輕而易舉，只要在檢舉的法律立法之前賺到就好了。」

像這樣的人物，通常會落得在大恐慌中失去所有財產的下場，不過喬卻毫髮無傷的度過了經濟大恐慌。不僅如此，他還因為做空，在大恐慌時增加了不少資產。

在這之後，這位野心家又接近政界。在大恐慌過後的總統選舉，他支持羅斯福（Franklin D. Roosevelt），而羅斯福後來當選為美國第三十二任美國總統。

「羅斯福會把我放在哪個職位呢？」老喬露出狂妄的笑容。不過，羅斯福替喬準備了一個誰也沒料到的職位——「美國證券交易委員會」（Securities and Exchange Commission，簡稱ＳＥＣ）的首任主席。

美國證券交易委員會，是為了把當時騙徒橫行的股市，變成公正透明的市場而新設的機構。當時各界噓聲大起：「怎麼能讓這種大惡人擔任這個職務！」但是下定決心的羅斯福完全不為所動，他說了這樣的名言：「想要抓小偷，請小偷來抓，才是最適合的人選！」

在羅斯福總統實行的新政（New Deal）當中，證券市場改革是重要的措施，其中一個目標，是「讓證券市場變得公正透明，使任何人都能參加」的制度改革。

首先是禁止內線交易，從此以後禁止「喬來啦！」這類狡猾的交易。

此外，又反省公司的財務報表有很多作假帳的現象而改革制度，財會人員必須製作且報告正確的財務報表。

美國制定了國家的會計規則，公司企業都要按照這套規則結算，這套國家標準就是美國會計準則（U. S. GAAP）。而公司在製作財務報表時，也必須由註冊會計師（Certified Public Accountant，簡稱為 CPA）來審查，是否按照規定正確執行。

隨著這一連串改革，上市公司有義務遵循嚴格的財務報告制度，而這也是為了重新取得證券市場的信賴。為了建立公正透明的市場，這些制度改革被統整為證券交易法。

美國證券交易委員會的喬，身為機構領導者，指揮這場「乾淨的改革」。不過話說回來，讓喬這種人擔任證券交易委員會的主席，也實在不得不讓人佩服美國這個國家的寬大心胸。

「資訊揭露」最後在美國開花結果

令人意外的是，喬這番乾淨的市場改革，可說是非常成功。在任期結束、卸任之時，各方都出現了讚揚的掌聲。因他的努力而完成的新會計制度，可以整理為如下三個重點：

①公司經營者應按照規則，製作正確的財務報表：在證券市場公開發行股票的公司，必須依據美國會計準則，正確的製作財務報表並報告。

②由註冊會計師來審查是否正確完成：公司企業是否正確製作、報告財務報表，必須受到註冊會計師等專業人士的審查。

③對投資者揭露資訊：財務報表除了對股東、債權人以外，也必須向投資者們揭露資訊。

在大恐慌之後的新改革當中，值得注目的是「③對投資者揭露資訊」。在此之前，財務報表是為了股東與債權人（銀行等）而制定、報告。這是對目前的出資者「私下」進行的報告。

但是如果財務報表只是私底下的報告，就不會、也無法提供資訊給今後考慮購買股票的人。為了活化證券市場，必須鼓勵新手加入，因此在新的框架下，擴大對「未來的投資人」揭露資訊。除了既有的股東、債權人之外，又加上未來的股東、債權人，全都算是投資人（investor）。

投資人＝現有股東、債權人＋未來可能加入的股東、債權人。

這裡提到的投資人，也就是所有的國民。因此會計報告應該要對所有的國民公開——這就是在美國登場、為了保護投資人的資訊揭露。到此為止，結算報告總算是為所有國民而製作的。

說到這裡，各位會不會覺得，好像在哪裡聽過「公開公眾資訊」。沒錯，就是法國。我們在法國篇曾提到兩種資訊揭露：尼克公開了財務報表引起大騷動、拿破崙公開美術館獲得了大成功。

美國的目標是結合雙方的優點來揭露資訊。他們不僅將財務報表的資訊公開，更讓人們把關注投向股票市場，希望能提升公司的股價。

這個策略進行得非常順利。前面①②③的會計制度，由美國傳到了世界各地，一般也認為美國因此成為會計上的「已開發國家」。當然日本也跟上了這個腳步。

大惡人留下的遺產——國際會計準則

今天我們以美國為舞臺，談了會計與企業經營的歷史，我們從成本會計談到了管理會計，以及財務會計的資訊揭露發展。

回過頭來看，美國自一七七六年獨立以來，在不到一百年的時間，於一八六九年完成大陸橫貫鐵路。此後又在不滿一百年的一九二九年，歷經了大恐慌。這段期間內，會計制度大幅發展，真是一個強悍的國家。

美國從建國之後，在短時間內擴張領土，登上經濟大國的寶座，背後支持的，肯定少不了會計制度的改革。這三件一套，就是支持製造業的成本會計架構、擬訂未來計畫的管理會計體系、為企業募集資金的資訊揭露體制。

成本會計、管理會計、資訊揭露——這三項的確是誕生於美國，不過依舊會讓人覺得是「漁翁得利」。就像當初美國從西班牙、法國和荷蘭手中獲得領土一般，會計制度也是踏著這些前輩（國家）成功與失敗的腳步，建立支持企業經營的會計架構，而到了今天，美國就成了「會計上的先進國家」。

美國今天在世界政治、經濟上都發揮領導者的角色。不過令人擔心的是，其中還帶著些許傲慢。另一個令人憂慮的是，比起製造業，美國的金融業界與市場似乎太過蓬勃興盛了。如果這只是我的杞人憂天也就罷了……。美國在豐饒的土地上逐漸邁進，希望它今後能腳踏實地的持續成長。啊，說到最後，我似乎很自以為了不起啊，真是抱歉。

對了，在這次提到的人物中，我其實很喜歡這位，在會計歷史上名留青史的人物——老約瑟夫．甘迺迪。

據說「Kennedy」這個名字，是頭髮蓬亂的意思。在距今七百年前，他們的祖先開始以此為姓氏。在此之前，沒有姓氏的他們，之所以會以自己身體的特徵為名，據說是因為人頭稅的緣故。以身體特徵命名的話，就很容易鎖定個人，也更容易徵收稅金。換句話說，人們的名字都是為了收稅的人方便而取的。順帶一提，過去的英國首相卡麥隆（Cameron）這個名字，意思據說是「歪鼻子」。

人們因狂熱而陷入大恐慌後，在大惡人喬的時代出現了投資人的概念，這股會計公開化的風氣，其後也不曾停止，到了二十一世紀，更是因為投資人的全球化，而出現了國際會計準則。

七百年前，為了收稅而被命名為甘迺迪的家族，後代子孫竟然出人頭地、撼動世界的資本市場，實在是了不起。

今後會計和企業經營，又會展開什麼樣的興奮與狂熱的劇碼？只要我們還活著，這場戲就會繼續演下去。希望我能和大家一樣長壽，持續守護著這個故事。

後記與謝辭

從本書一開始，我們介紹了爛醉殺人犯卡拉瓦喬，他實在是一個充滿戲劇性，又能鮮明表現光與影的天才。

所有的事物都有光與影、表與裡。

本書所討論的會計，就是支持著國家、公司等組織內部的存在。以公司來說，如果製造、銷售是表面，那麼記錄金流的會計，就是背後的無名英雄。正因為有這樣的財會人員，公司才得以存續。

帳簿、股份公司、證券交易所、利潤計算、資訊揭露——每當這些發明誕生，金融市場就會反覆歷經數次興奮與瘋狂。在這些背後，必定都有財會人員默默工作。本書的內容如果能讓從事財務、會計相關人士，對自己的工作更有興趣、更引以為傲，我也會深感榮幸。

另外，說到在本書背後默默支持的無名英雄，那就是本書的編輯藤岡美玲了。她不僅在閱讀原稿時，提出了實在的建議，當她的回饋鼓勵我「這裡寫得很有趣」時，也帶給我莫大的勇氣。這種溫暖的態度，實在讓我很想分享給全世界的編輯。藤岡，謝謝你在背後支持著這本書！

一般認為，工業革命是耀眼的成功，但當時英國的勞工們，其實意外的過著悲慘的生活。

他們總是工作到精疲力盡，住在狹小且日照不足的房子裡，裡面甚至沒有廚房。支持他們的只有「炸魚薯條」。這些勞工們外帶這種很有飽足感的料理，一邊吃著，一邊勤奮工作。

工廠生產線持續到深夜的美國，工作狀況更為艱辛。為了在工廠上班的勞工們，甚至有快餐車開到工廠，在休息時間向勞工們販售，麵包裡夾著肉腸的「熱狗麵包」。

不知不覺間，更出現了附烤爐的餐車，他們把肉排夾進麵包，開始賣起「漢堡」。美國的勞工就這麼一邊享受漢堡，一邊忍受長時間辛苦的勞動。

炸魚薯條、熱狗麵包、漢堡，這些食物都是支持工廠勞工的無名英雄。無論是販賣這些食物的人，或是吃的人，都不曾出現在歷史的舞臺上。但是毫無疑問的，他們都在幕後支撐著會計與企業經營的歷史。

圖 21：霍普，〈夜遊者〉（1942 年）。

最後這些開著快餐車的商人們，開了名為「Diner」的美式餐廳，這種餐廳大多是用預鑄工法建造的樸素餐廳，裡面有讓人聯想到快餐車的吧檯座。這種美式餐廳為了晚上工作的勞工們，都會營業到深夜。美國畫家愛德華．霍普（Edward Hopper）在畫作〈夜遊者〉（*Nighthawks*）當中描繪美式餐廳時，漢堡已成為美國的國民美食了。

到了二十一世紀的今天，漢堡仍受到全世界歡迎。

製作漢堡的美國肉品工廠，給了福特靈感。

義大利商人熱愛的辛香料，透過「pepper sack」而來，增添更多美味。西班牙人從南美帶回來的蕃茄，被做成泥狀的蕃茄醬。荷蘭人在農作物難以生長的圩田，開始了酪農業，生產起司。被歐洲人當成最重要主食的麵包，現在更夾上了漢堡肉排。從南美來的馬鈴薯，成了法國人喜歡的薯條（French fries）。可口可樂與漢堡、薯條成為套餐組合。

如果成本會計、管理會計、資訊揭露是誕生於美國的「會計三件一組」，那麼漢堡、薯條和可樂，也可說是美國引以為傲的三件一組套餐了。不僅是會計三件一組，漢堡套餐也濃縮了七百年的歷史。

不管別人怎麼說，我很喜歡炸魚薯條、熱狗和漢堡。

這些垃圾食物是英國、美國以及全世界勞工們最好的夥伴。

一想到每天有無數的人一邊吃著這些食物，一邊忍耐著難熬的辛苦日子，就會讓我湧起一股「繼續加油」的心情。

圖 22：現代會計，與三件一組的漢堡套餐一樣，其中濃縮了700 年的歷史。

感謝在遙遠的歷史長河裡，這些無名的廚師和廣大的勞工，將這樣的美味與勇氣留給我們！

參考文獻

《邁向卡拉瓦喬之旅——天才畫家的光與暗》（カラヴァッジョへの旅——天才画家の光と闇），宮下規久朗著，角川選書，二〇〇七年。
《想更了解卡拉瓦喬——生涯與作品》（もっと知りたいカラヴァッジョ——生涯と作品），宮下規久朗著，東京美術，二〇〇九年。
《會計的世界史》（会計の世界史——イタリア、イギリス、アメリカ——500年の物語），田中靖浩著，日文版由日本經濟新聞出版，二〇一八年。
《名畫與經濟的雙重奏》（名画で学ぶ経済の世界史——国境を越えた勇気と再生の物語），田中靖浩著，日文版由MAGAZINE HOUSE出版，二〇二〇年。
《胡椒：殘酷的世界史》（胡椒 暴虐の世界史），Marjorie Shaffer著，日文版由栗原泉翻譯，白水社，二〇一四年。
《辛香料、炸藥、醫藥品：改變世界史的17種化學物質》（スパイス、爆薬、医薬品——世界史を変えた17の化学物質）Penny Le Couteur, Jay Burreson著，日文版由小林力翻譯，中央公論新社，二〇一一年。
《李奧納多·達文西的生涯——飛翔的精神軌跡》（レオナルド·ダ·ヴィンチの生涯——

飛翔する精神の軌跡）Charles Nicholl著，日文版由越川倫明等人翻譯，白水社，二〇〇九年。

《李奧納多・達文西——生涯與藝術的一切》（レオナルド・ダ・ヴィンチ——生涯と芸術のすべて），池上英洋著，筑摩書房，二〇一九年。

《會計的歷史探訪——從過去給未來的訊息》（会計の歴史探訪——過去から未来へのメッセージ），渡邊泉著，同文館出版，二〇一四年。

《用資產負債表解讀世界經濟史》（バランスシートで読みとく世界経済史），Jane Gleeson-White著，日文版由川添節子翻譯，日經BP，二〇一四年。

《會計的時代！——會計與會計師的歷史》（会計の時代だ——会計と会計士との歴史），友岡贊著，筑摩新書，二〇〇六年。

《大查帳》（帳簿の世界史），Jacob Soll著，日文版由村井章子翻譯，文藝春秋，二〇一五年。

《光天化日搶錢》（税金の世界史），Dominic Frisby著，日文版由中島由華翻譯，河出書房新社，二〇二二年。

《從金流了解世界的歷史：財富、經濟、權利……是這樣動的》（お金の流れでわかる世界の歴史——富、経済、権力……はこう「動いた」），大村大次郎著，KADOKAWA，二〇一五年。

《逃稅的世界史》（脱税の世界史），大村大次郎著，寶島社，二〇一九年。
《西班牙史10講》（スペイン史10講），立石博高著，岩波新書，二〇二一年。
《想更了解艾爾・葛雷柯——生涯與作品》（もっと知りたいエル・グレコ——生涯と作品），大高保二郎、松原典子著，東京美術，二〇一二年。
《走在街道35：荷蘭紀行》（街道をゆく35　オランダ紀行），司馬遼太郎著，朝日文藝文庫，一九九四年。
《資源爭奪的世界史——辛香料、石油、循環經濟》（資源争奪の世界史——スパイス、石油、サーキュラーエコノミー），平沼光著，日本經濟新聞出版，二〇二一年。
《興亡的世界史15：東印度公司與亞洲的海洋》（興亡の世界史15　東インド会社とアジアの海），羽田正著，講談社，二〇〇七年。
《東印度公司——巨大商業資本的盛衰》（東インド会社——巨大商業資本の盛衰），淺田實著，講談社現代新書，一九八九年。
《荷蘭東印度公司》（オランダ東インド会社），永積昭著，講談社學術文庫，二〇〇〇年。
《從光榮到崩毀——荷蘭東印度公司盛衰記》（栄光から崩壊へ——オランダ東インド会社盛衰記），科野孝藏著，同文館出版，一九九三年。
《股份公司》（株式会社）John Micklethwait 等著，日文版由鈴木泰雄翻譯，Random

House 講談社，二〇〇六年。

《作為素養的金錢與藝術：任何人都了解的「創造新價值的方法」》（教養としてのお金とアート——誰でもわかる「新たな価値のつくり方」）田中靖浩、山本豐津著，KADOKAWA，二〇二〇年。

《圖說法國革命史》（図説フランス革命史），竹中幸史著，河出書房新社，二〇一三年。

《金融狂熱簡史》（バブルの物語），John Kenneth Galbraith 著，日文版由鈴木哲太郎翻譯，鑽石社，一九九一年。

《從木頭追溯人類史——貼近人的進化與繁榮的祕密》（「木」から辿る人類史——ヒトの進化と繁栄の秘密に迫る），Roland Ennos 著、日文版由水谷淳翻譯，NHK出版，二〇二一年。

《史蒂文生與蒸氣火車頭》（スティーブンソンと蒸気機関車），C. C. Dorman 著，日文版由前田清志翻譯，玉川大學出版部，一九九二年。

《動力的故事》（動力物語），富塚清著，岩波新書，一九八〇年。

《鐵路會計發展史論》（鉄道会計発達史論），村田直樹著，日本經濟評論社，二〇〇一年。

《生活的世界歷史10：工業革命與民眾》（生活の世界歴史10　産業革命と民衆），角山榮、村岡健次、川北稔著，河出文庫，一九九二年。

《美國經營分析發展史》（アメリカ経営分析発達史），國部克彥著，白桃書房，一九九四年。

《經濟大恐慌的美國》（大恐慌のアメリカ），林敏彥著，岩波新書，二〇〇三年。

《美國的鐵路管理會計生成史——關於業績評估與決策》（アメリカ鉄道管理会計生成史——業績評価と意思決定に関連して），高梠真一著，同文館出版，一九九九年。

《美國管理會計發展史》（米国管理会計発達史），廣本敏郎著，森山書店，一九九三年。

《卡內基自傳》（カーネギー自伝）Andrew Carnegie著，日文版由坂西志保翻譯，中公文庫，二〇〇二年。

《摩根家——金融帝國的盛衰（上、下）》（モルガン家——金融帝国の盛衰（上・下））Ron Chernow著，日文版由青木榮一翻譯，日経BUSINESS人文庫，二〇〇五年。

《汝父之罪》（汝の父の罪——呪われたケネディ王朝），Ronald Kessler著，日文版由山崎淳翻譯，文藝春秋，一九九六年。

《漢堡：吃的全球史》（ハンバーガーの歴史——世界中でなぜここまで愛されたのか?），Andrew F. Smith著，日文版由小巻靖子翻譯，Blues Interactions，二〇一一年。

《可口可樂帝國的興亡——100年的商業魂與生存戰略》（コカ・コーラ帝国の興亡——100年の商魂と生き残り戦略），Mark Pendergrast著，日文版由古賀林幸翻譯，德間書店，一九九三年。

Biz 419

會計，商人錢滾錢的足跡

達文西欠畫債、荷蘭鬱金香、鐵路熱、披頭四……
竟是會計誕生進化的故事，是你得知道的金錢運作機制。

作　　者／田中靖浩
譯　　者／郭凡嘉
校對編輯／張祐唐
美術編輯／林彥君
副 主 編／劉宗德
副總編輯／顏惠君
總 編 輯／吳依瑋
發 行 人／徐仲秋
會計助理／李秀娟
會　　計／許鳳雪
版權經理／郝麗珍
行銷企劃／徐千晴
行銷業務／李秀蕙
業務專員／馬絮盈、留婉茹
業務經理／林裕安
總 經 理／陳絜吾

國家圖書館出版品預行編目（CIP）資料

會計，商人錢滾錢的足跡：達文西欠畫債、荷蘭鬱金香、鐵路熱、披頭四……竟是會計誕生進化的故事，是你得知道的金錢運作機制。/田中靖浩著；郭凡嘉譯 -- 初版 . -- 臺北市：大是文化有限公司, 2023.3
256 面；14.8×21 公分
譯自：会計と経営の七〇〇年史：五つの発明による興奮と狂乱
ISBN 978-626-7192-90-0（平裝）
1. CST：會計學　2. CST：商業管理　3. CST：歷史
495.1　　111018986

出 版 者／大是文化有限公司
臺北市 100 衡陽路 7 號 8 樓
編輯部電話：（02）23757911
購書相關諮詢請洽：（02）23757911 分機 122
24 小時讀者服務傳真：（02）23756999
讀者服務 E-mail：dscsms28@gmail.com
郵政劃撥帳號：19983366　　戶名：大是文化有限公司
法律顧問／永然聯合法律事務所
香港發行／豐達出版發行有限公司 Rich Publishing & Distribution Ltd
香港柴灣永泰道 70 號柴灣工業城第 2 期 1805 室
Unit 1805, Ph.2, Chai Wan Ind City, 70 Wing Tai Rd, Chai Wan, Hong Kong
Tel：2172-6513　Fax：2172-4355　E-mail：cary@subseasy.com.hk

封面設計／林雯瑛
內頁排版／陳相蓉
印　　刷／鴻霖印刷傳媒股份有限公司
出版日期／ 2023 年 3 月初版
定　　價／ 399 元（缺頁或裝訂錯誤的書，請寄回更換）
I S B N ／ 978-626-7192-90-0
電子書 I S B N ／ 9786267251003（PDF）
9786267251010（EPUB）
Printed in Taiwan